大学入試

漆原 晃の

物理基礎・物理

波動・原子編

が面白いほどわかる本

漆原　晃
Akira Urushibara

はじめに

「波動と原子の分野ほど，丁寧な指導が必要な分野はないなあ」とこのごろよく思います。しっかりと教えれば教えるほど，生徒は深く理解し，面白さも分かってくる分野です。しかし，現実はどうでしょうか。

次から次へと新しい公式や現象が出てきて，じっくり理解する余裕もなく誤解を残したまま，テストに入っていくというのが現状ではないでしょうか。

そこで本書では，波のさまざまな現象や，原子分野がどのように開拓されていったかを分かりやすく，楽しく，深く理解してほしいという目的で1つひとつの章を独立させながらも，綿密につなげる構成で展開しています。ぜひ専用のノートを横に用意して，内容をまとめ，チェック問題を解きながら，読み進めていってほしいと思います。また内容構成では，

① 波動の各現象を**知識ゼロからでも理解できるように徹底的に，基本イメージを重視**しました。
② 原子分野では，全体の流れがすっきり分かるように**シンプルかつ明快**にポイントを押さえています。
③ **会話式の講義を活かして，ミスしやすい考え方，誤解しがちなポイントを指摘**し，正しい理解へと誘導していきます。
④ 重要な考え方を**マスターすることによって，あらゆるタイプの出題に対応できる真の学力をつけるチェック問題**を厳選しました。

本書によって，波動と原子の分野に絶対の自信をもってほしいと願っています。

漆原 晃

この本の使い方

　この本は，Story，POINT，チェック問題，**まとめ**の４つの部分から構成されています。この本をより効果的に活用するコツは，次の３つです。

❶　**問題に入る前に Story の本文をじっくり読み込もう。**

➡　知識ゼロの状態からはじめ，身につけたい必須知識，難解な概念，おちいりやすい落とし穴を，キャラクターとやりとりしながら，マンツーマン感覚で学ぶことができるので，重要な考え方をどんどん吸収できます。

➡　Story は，「漆原の解法」の導入部になっており，本文を読むことにより，理論の背景を深く理解した上で，解法を活用できるようになります。

❷　**POINT に来るたびに，それまでの話を振り返って確認しよう。**

➡　「物理」は建物と同じで，１つの考えが次の考えの土台になっていきます。ですから，あわてず，じっくりと，POINT で，それまでの話の要点を確かめましょう。

❸　**チェック問題 は，単なる答え合わせに終わらせず，解説 までしっかり読もう。**

➡　解説 にも，キャラクターを登場させて，ミスしやすい盲点や解法の根拠などを，生徒の立場に立っていっしょに考えていきます。また，別解 によって，視点を変え，物理的センスを養い，入試本番に役立つ解答の吟味法を身につけます。

➡　問題レベル　易，標準，やや難　および解答時間を示しているので，参考にしてください。

この本の使い方

もくじ

はじめに……………………………………………………… 2
この本の使い方……………………………………………… 3

「物理基礎」の波動

第1章　波のイメージ＝ウェーブ……………………………… 8
- Story ① 身のまわりにどんな波がある？ ………… 8
- Story ② 「ウェーブ」から何が見える？ ………… 9
- Story ③ 波の4大基本物理量って何？ ………… 11
- Story ④ 波の基本式も「ウェーブ」でイメージできちゃう … 12
- Story ⑤ 波を表すグラフの究極の2択とは？ …… 16
- まとめ …………………………………………… 22

第2章　縦波・反射波…………………………………… 24
- Story ① 横波と縦波 …………………………… 24
- Story ② 合成波って何？ ……………………… 32
- Story ③ 反 射 波 ………………………………… 33
- まとめ …………………………………………… 41

第3章　定常波と弦・気柱……………………………… 42
- Story ① 定常波って何？ ……………………… 42
- Story ② 弦の振動 ……………………………… 46
- Story ③ 気柱の振動 …………………………… 48
- Story ④ 弦・気柱の解法はワンパターン ……… 55
- まとめ …………………………………………… 62

第4章　う な り………………………………………… 64
- Story ① うなりって何？ ……………………… 64
- まとめ …………………………………………… 71

「物理」の波動

第5章　波の式のつくり方 …………………………………… 74
- Story ❶　まずはこの準備から ……………… 74
- Story ❷　いよいよ波の式のつくり方 ……………… 79
- まとめ …………………………………………… 89

第6章　ドップラー効果 …………………………………… 90
- Story ❶　ドップラー効果の基本 ……………… 90
- Story ❷　ドップラー効果の原因は2つしかない … 94
- Story ❸　ドップラー効果の公式はどうやって導くのか？…… 96
- まとめ …………………………………………… 111

第7章　光の屈折 …………………………………… 112
- Story ❶　屈折率って何？ ……………… 112
- Story ❷　波面の進み方 ……………… 116
- Story ❸　屈折の法則 ……………… 120
- Story ❹　全反射って何？ ……………… 128
- まとめ …………………………………………… 136

第8章　レンズ …………………………………… 138
- Story ❶　レンズも結局は光の屈折だ ……………… 138
- Story ❷　レンズの3種の基本光線と像 ……………… 140
- Story ❸　レンズの統一公式 ……………… 144
- Story ❹　凹面鏡・凸面鏡 ……………… 153
- まとめ …………………………………………… 157

第9章　波の干渉 …………………………………… 158
- Story ❶　干渉の大原則 ……………… 158
- まとめ …………………………………………… 169

第10章　光の干渉（スリット型） …………………………………… 170
- Story ❶　スリット型干渉に入るための準備 ……… 170
- Story ❷　途中で部分的に物質中を通るときは？ … 184
- まとめ …………………………………………… 189

第11章　光の干渉（反射型） …………………………………… 190
- Story ❶　反射と干渉条件 ……………… 190
- まとめ …………………………………………… 213

原子編

第12章 光の粒子性 ……………………………………216
- Story ① 原子の分野では何を学ぶのか？ ………… 216
- Story ② 電子の発見 ………………… 218
- Story ③ 光電効果 ……………………… 224
- まとめ ………………………………… 241

第13章 電子の波動性 ……………………………………242
- Story ① 電子波 ……………………… 242
- Story ② 原子モデル ……………… 247
- Story ③ Ｘ　線 …………………… 255
- まとめ ………………………………… 261

第14章 原子核 ……………………………………………262
- Story ① 原子核のつくりとその表し方 ………… 262
- Story ② α, β, γ 崩壊と放射線 ………… 265
- Story ③ 半減期って何？ …………… 272
- Story ④ アインシュタインの式 …… 276
- まとめ ………………………………… 288

漆原晃のPOINT索引 ………………………………289
重要語句の索引 ……………………………………292

本文イラスト：中口　美保

物理基礎の
波動

- 第1章 波のイメージ＝ウェーブ
- 第2章 縦波・反射波
- 第3章 定常波と弦・気柱
- 第4章 うなり

第1章 波のイメージ＝ウェーブ

▲私たちは波に囲まれて暮らしている

Story ① 身のまわりにどんな波がある？

　「ピピピピピ…！」目覚まし時計が朝のはじまりを告げる。
(鼓膜は，空気中を伝わる縦波の音波を受け，振動数500Hzで振動中だ)

　「サッ！」とカーテンを引くと，今日は快晴!!　朝の光が差し込んでくる。寝ぼけまなこがだんだんはっきりしてくる。
(水晶体のレンズが網膜のスクリーンに倒立実像をつくっているよ)

　「トントントン」と階段を下り，「おはよう〜」とあいさつをする。
(声帯の弦から発っせられる音波を，のどの気柱で共鳴させているんだよ)

　朝食を食べていると，「いっしょに学校へいこう♪」という友達のメールが携帯電話に届く。
(メールは部屋の中に回折してきた電波に乗ってやってくるね)

　イヤホンを付けて，音楽を聴きながら，「いってきま〜す！」と玄関を出る。
(最近のヘッドホンには，クリアな音をつくり出すため，干渉効果で雑音を打ち消すはたらきがあるよ)

　「何げない日常」のシーンにいろいろな波があふれているんだね。

まず第**1**章では,「波の基本イメージ＝ウェーブ」と「波の基本用語」,そして「波の基本式」について学んでいこう。波の性質をよく知ることによって,君が目にする景色,耳にする音,便利な電化製品,さまざまな自然現象なども,もっと豊かに楽しみ,もっと興味深く理解できるようになるよ。

Story ❷ 「ウェーブ」から何が見える？

▶(1) 「ウェーブ」には2つの動きが含まれる

キミは,「ウェーブ」をやったことがあるかい？ サッカーのスタジアムでたくさんのお客さんのつくる**図1**のような波のことだ。

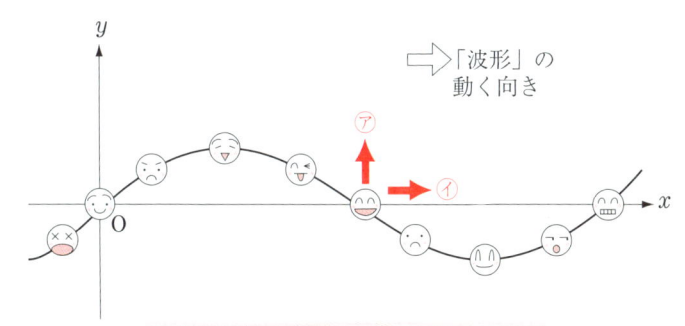

図1　波のイメージ＝「ウェーブ」

図1の波の形(**波形**)は右へ動いているとするね。

ここで2択の問題。**図1**の😊の顔の「お客さん(**媒質点** ← 波を伝える物質を**媒質**という)」は,

2択｛ ア　上へ動く　⬆
　　 イ　右へ動く　➡

どっちに動くかな？

「波形」が右に動くんだから,いっしょになって,この「媒質点」も右へ動いていくんじゃないの。　イ➡でしょ。

エエーッ！ そんなことしたら，右端にいる「お客さん」がつぶれてしまうじゃないか！ アブナすぎる（笑） たとえ「波形」が右へ動こうとも1人ひとりの「お客さん」は，立ったり座ったり上下に動いているんだよ。正解は㋐↑だ。

次の2つの動きを区別しよう。

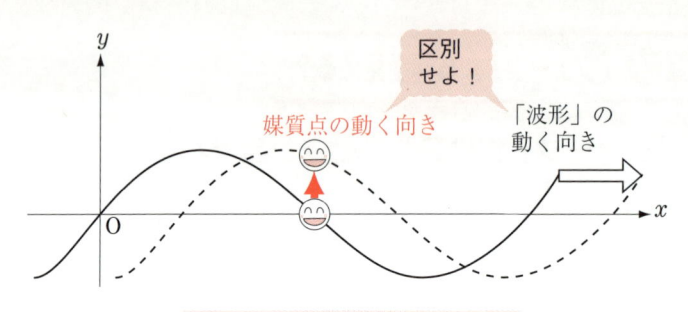

媒質点の動く向き
区別せよ！
「波形」の動く向き

図2 😄の人は上向きに動く

では，ここまでのポイントをおさらいしておこう。

POINT 1 「ウェーブ」に含まれる2つの動きを区別せよ！

区別
- 動き1　「波形」は横方向に一定速度で平行移動している。
- 動き2　各「媒質点」（お客さん）は上下に振動している。

お客さんが動く方向に注意!!

Story ③ 波の4大基本物理量って何？

Story ②では，波には2つの異なる動きが含まれることを見た。そう，「波形」の横への平行移動と，各「お客さん」つまり「媒質点」の上下振動だ。

次に，波の4つの大切な量（4大基本量）を定義するぞ。**物理は定義が命！**　だから，しっかりと頭にたたきこんでおくこと！

▶(1) 「波形」とその動きを表す量❶❷

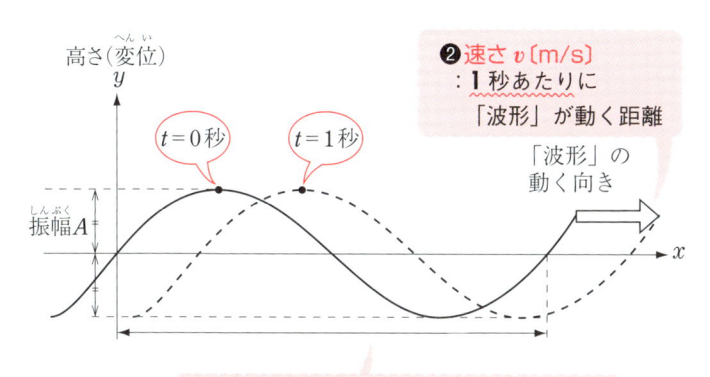

高さ(変位) y
$t = 0$ 秒
$t = 1$ 秒
振幅 A

❷ 速さ v〔m/s〕
：1秒あたりに「波形」が動く距離

「波形」の動く向き

❶ 波長 λ〔m〕：「波形」の 1 うねりの長さ

▶(2) 「媒質点」の単振動(ばね振り子の運動と同じ)を表す量❸❹

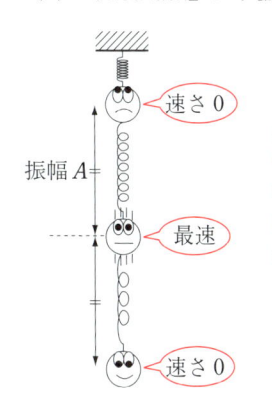

速さ0
振幅 A
最速
速さ0

❸ 振動数 f〔回/s〕＝f〔Hz〕
：「媒質点」の 1 秒あたりの振動回数
❹ 周期 T〔s/回〕
：「媒質点」が 1 回振動するのにかかる時間

第1章　波のイメージ＝ウェーブ

Story ④ 波の基本式も「ウェーブ」でイメージできちゃう

▶(1) 振動数 f と周期 T は逆数の関係

　もし，キミが「お〜い，今から振動数 $f=10\text{Hz}$ のウェーブやろーぜ」と誘われたら，ホイホイついていくかい？

> ウェーブ楽しそう♪　でも待てよ，$f=10\text{Hz}$ ということは……ゲゲ♢♢　1秒に10回振動！　筋肉ブチブチだ！

　そりゃそーだ（笑）　では，そのキョーフのウェーブが，1回だけ振動するのにかかる時間，つまり周期 T は？

> 1秒に10回も振動するから，1回振動するのには……
> 1秒÷10回で，わずか0.1秒，なんと周期 $T=0.1$ 秒！

　今，周期 T を求めるのに <u>1</u> 秒を振動数 $f=10$ で割ったよね。全く同じように，

$$（周期\,T）= \frac{1}{（振動数\,f）}$$

という関係が一般に成り立つんだ。

▶(2) 速さ v は振動数 f と波長 λ の積に等しい

　今，図3のようにキミが波の出るプールで浮輪に浮かんで波を待っているとするね。

　お！　今，波がちょうど1うねりやってきて，キミのいるところを通過した。このとき，キミの体はドブン！　とちょうど1回振動するはずだね。

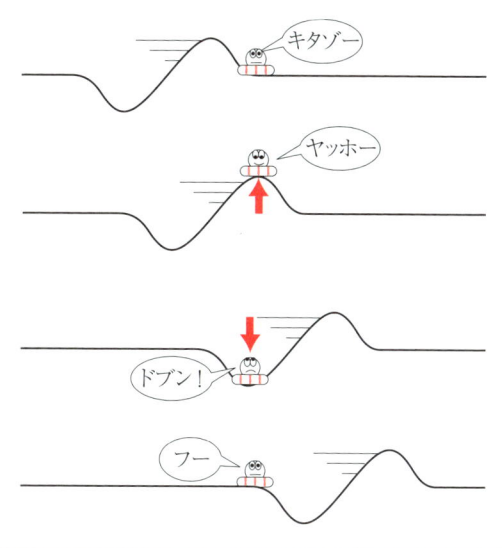

図3 「波形」が1うねり通過すると「媒質点」は1回振動する

　すると，「波形」は「媒質点」が1回振動する間（つまり周期 T 秒の間）に，1うねり（つまり1波長分 λ [m]）進んだことになるね。だから，「波形」の速さ v [m/s] は，

$$（速さ v）=\frac{（距離）}{（時間）}=\frac{（距離 \lambda \text{[m]}）進んだ}{（時間 T \text{[s]}）の間に}=\frac{\lambda}{T}$$

と書ける。では，これに(1)で見た周期 T と振動数 f の関係

$$（周期 T）=\frac{1}{（振動数 f）}$$

を代入してみよう。すると，

$$（速さ v）=\frac{\lambda}{T}=\frac{\lambda}{\frac{1}{f}}=f \times \lambda$$

　つまり，

$$\boxed{（速さ v）=（振動数 f）\times（波長 \lambda）}$$

となるね。

第1章　波のイメージ＝ウェーブ

以上のことから分かるように，$v = f \times \lambda$ という式は
　　「波が1うねり通過すると各媒質点は1回振動する」
というごくあたりまえのことを式に表したものにすぎないんだよ。

> **POINT 2　波の基本式**
>
> （周期 T）＝ $\dfrac{1}{(振動数 f)}$
>
> （速さ v）＝（振動数 f）×（波長 λ）

では，学んだことをチェックするために次の問題にトライだ！

チェック問題 1　波の基本量と基本式　　易　2分

次の(1)(2)の □ をうめよ。

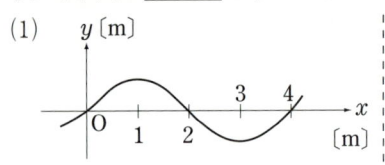

(1) [図：y〔m〕の波形グラフ，x軸の0, 1, 2, 3, 4〔m〕の位置に波が描かれている]

この波が0.4秒で右へ8m動くとき，
$\lambda =$ □，$v =$ □，
$f =$ □，$T =$ □

(2) 波長 $\lambda = 10$ m のウェーブで「媒質点」は5秒で2回振動している。このとき，
$T =$ □，$f =$ □，
$v =$ □

解説　(1) 与えられた図より，波長 $\lambda = 4$〔m〕……**答**
また，波の速さ v は，距離÷時間より，

$$v = \dfrac{8\text{m動く}}{0.4\text{秒で}} = 20 \text{〔m/s〕} \cdots\cdots \textbf{答}$$

（λ と v の 2 つ get !）

残りの f，T はいったいどうやって求めるの？

14　物理基礎の波動

そうだね，f と T は与えられた条件からは直接求めることはできないね。
そこで登場するのが波の基本式，$v=f\times\lambda$，$T=\dfrac{1}{f}$ だ。

$v=f\lambda$ を変形すると，$f=\dfrac{v}{\lambda}$ となり，

$$f=\dfrac{v}{\lambda}=\dfrac{20\,[\text{m/s}]}{4\,[\text{m}]}=5\,[\text{Hz}] \cdots\cdots \text{答}$$

$T=\dfrac{1}{f}$ より，

$$T=\dfrac{1}{f}=\dfrac{1}{5}=0.2\,[\text{s}] \cdots\cdots \text{答}$$

(2) まず，波長 $\lambda=10\,[\text{m}]$

次に「媒質点」が5秒に2回振動しているから，振動1回あたりに要する時間＝周期 T は，

$$T=\dfrac{5\text{秒で}}{2\text{回}}=2.5\,[\text{s}] \cdots\cdots \text{答}$$

これで，λ と T の2つget！

となるね。残りの量は波の基本式を使って求めるよ。

$$f=\dfrac{1}{T}=\dfrac{1}{2.5}=0.4\,[\text{Hz}] \cdots\cdots \text{答}$$

$$v=f\times\lambda=0.4\times10=4\,[\text{m/s}] \cdots\cdots \text{答}$$

重要ポイントは，

$v, f(T), \lambda$ のうち2つが分かれば，残りは基本式で求まる！

ということだ。

2つget！

2つget！で勝ちだね。

第1章　波のイメージ＝ウェーブ

Story 5 波を表すグラフの究極の2択とは？

▶(1) y-x グラフは波形の「写真」

いま，**図4**のように $t=0, 1, 2, 3$ 秒でパチパチ撮った4枚の「ウェーブ(波形)」の写真がある。

写真だから，いつ撮ったかという日付(時刻)を明記しておこうね。

このグラフの縦軸は y，横軸は x なので，y-x グラフというよ。

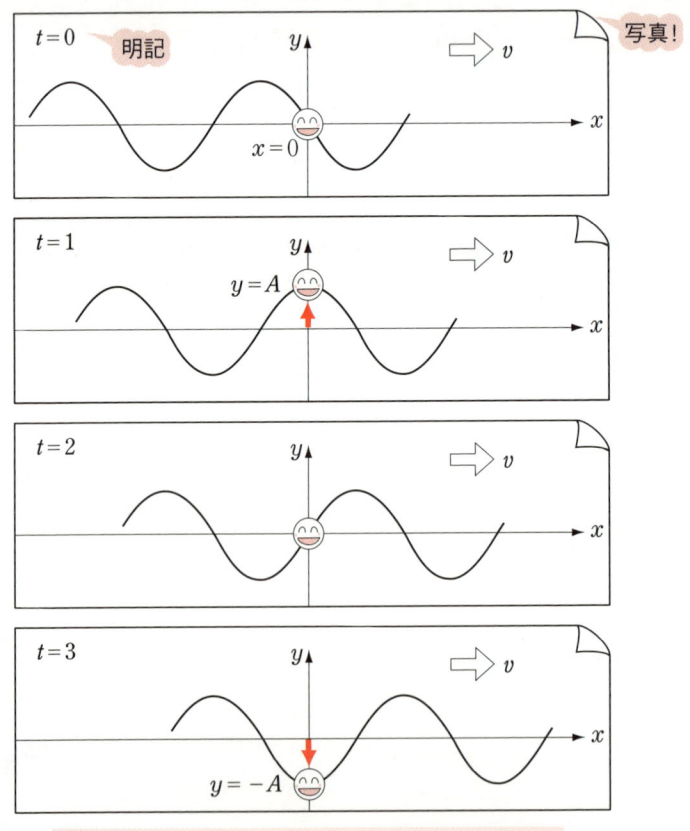

図4　y-x グラフはある時刻の波形の「写真」

くり返すけど，y-x グラフはある瞬間にパチリと撮った波形の「写真」だということを忘れないでね。

▶(2) y-t グラフはある「媒質点」の変位の時間変化を表す。

前ページの図4の $x=0$ にいる😄の顔の「お客さん（媒質点）」の変位 y を縦軸に，**時刻 t を横軸**にとってグラフをかいてみよう。

まず，$t=0$ で変位は $y=0$，$t=1$ で変位は $y=A$，$t=2$ で再び $y=0$，$t=3$ で $y=-A$ だから $t=4$ ではまた $y=0$ に戻るね。

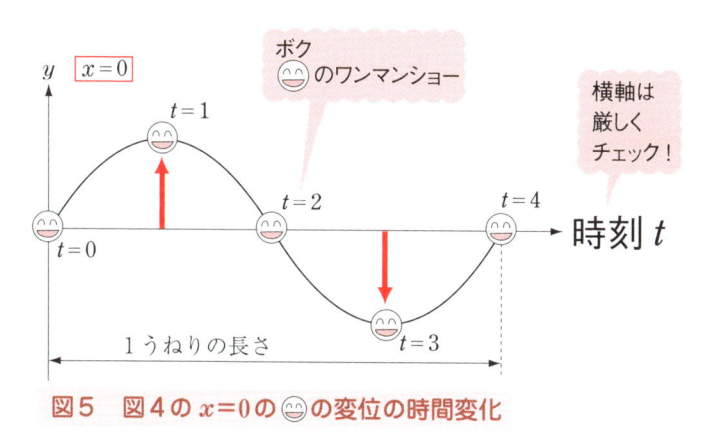

図5　図4の $x=0$ の😄の変位の時間変化

ここで大切なことは，この y-t グラフは「波形」を表すグラフじゃないということだ。たとえば，この図5の1うねりの長さは何を表す？

> えーと，この図で1うねりの長さは4だから，波長 $λ=4$ m ですか？

アチャー！　よくやるミスだよ。**横軸はいったい何なの？**

> 横軸は時刻 t，あ！　そうか，$t=4$ s で1回振動しているから波長 $λ=4$ m じゃなくて，周期 $T=4$ s だ！

そうだ。だから横軸には，十分に注意しておかないとポカミスするからね。何度もくり返すけど**横軸は厳しくチェック**だぜ！

第1章　波のイメージ＝ウェーブ

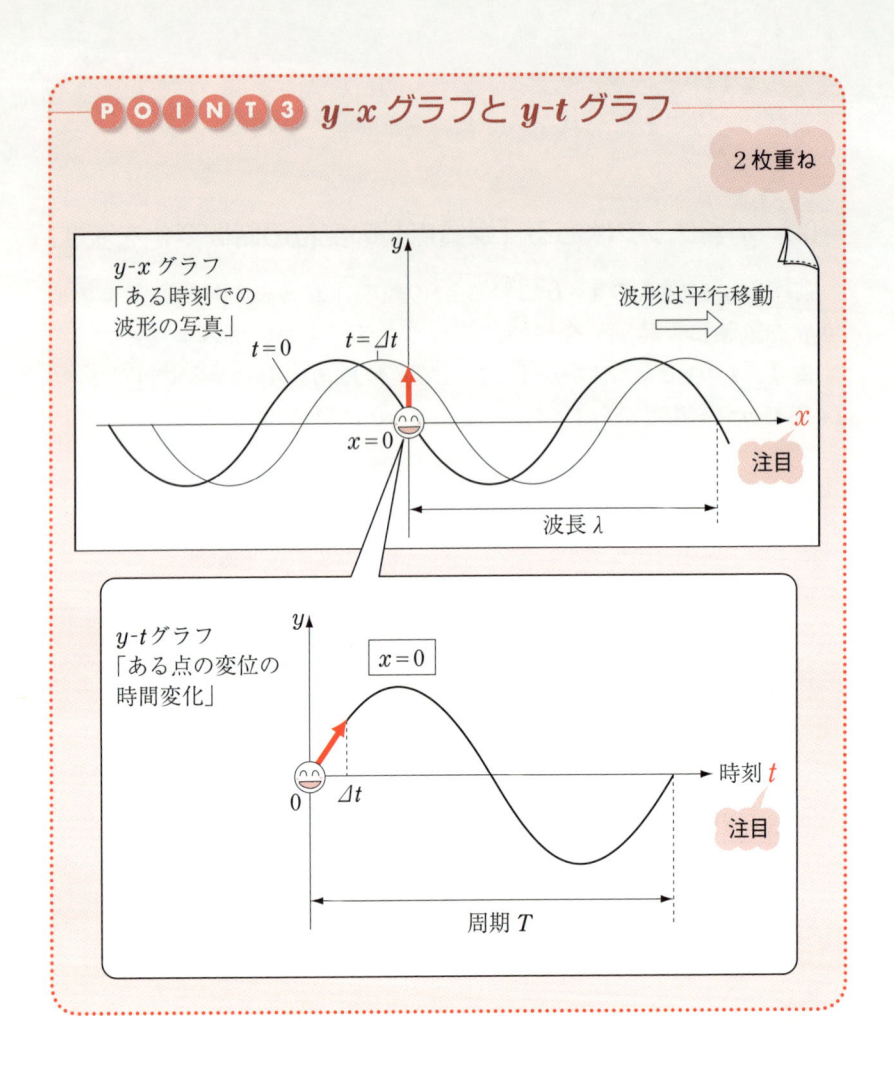

POINT 3 y-x グラフと y-t グラフ

2枚重ね

y-x グラフ
「ある時刻での波形の写真」

$t = 0$　$t = \Delta t$

波形は平行移動

$x = 0$

注目

波長 λ

y-t グラフ
「ある点の変位の時間変化」

$x = 0$

Δt

時刻 t

注目

周期 T

グラフの横軸は，しっかり確認しよう！

18　物理基礎の波動

チェック問題 ❷　y-xグラフ ↔ y-tグラフの変換　標準 10分

(1) 下のy-xグラフをもとに$x=4$mの点Aのy-tグラフをかけ。ただし、波の速さは$v=40$m/sとする。

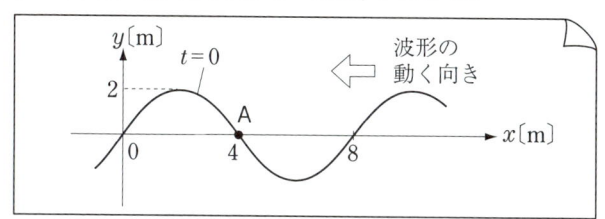

(2) 下のy-tグラフをもとに$t=0.3$sの時刻でのy-xグラフをかけ。ただし、波形はx軸の正の向きに速さ$v=10$m/sで動くとする。

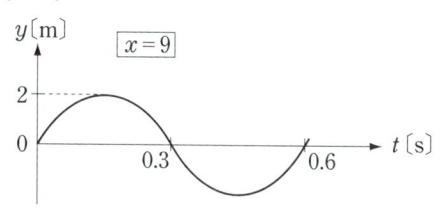

解説　この章の最終目標はこのグラフの変換だぜ!!

(1) 「ウェーブ」の写真1枚だけで各「お客さん」が今、上に上がりつつあるのか、下へ下がりつつあるのか分かるかい？

> 写真1枚だけじゃ動きまでは見えませんよ。せめて、もう1枚次の瞬間の写真があれば分かるのに！

　全くその通り！　そこでこの与えられた$t=0$におけるy-xグラフと、$t=\varDelta t$（微小時間後）における **y-xグラフを2枚の「写真」を重ねてかいてみよう**。ただし、y-xグラフはx軸の負の向きに動いていることに注意しよう。

第1章　波のイメージ＝ウェーブ　19

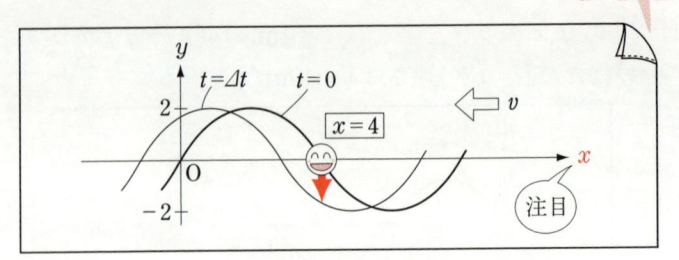

すると，$x=4$m の人😀は $t=0$ で $y=0$，$t=\Delta t$ で $y<0$ の方向，つまり下へ下がっていることが分かる。

さらに，$\lambda=8$m，$v=40$m/s だから，波の基本式より，

$$T=\frac{1}{f}=\frac{\lambda}{v}=\frac{8}{40}=0.2\,[\text{s}]$$

となる。以上を合わせると，

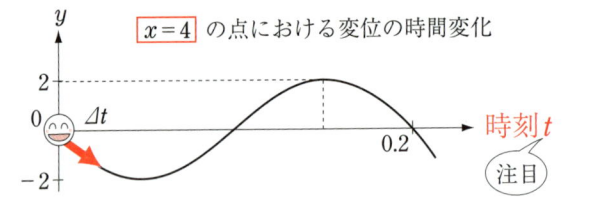

(2) まず，与えられた y-t グラフから $x=9$m の点は $t=0.3$s で $y=0$，そして，$t=(0.3+\Delta t)$[s] で $y<0$。

つまり，下向きに動くことが分かるね。

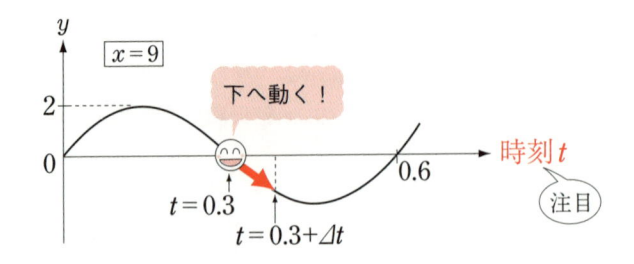

よって，y-x グラフにおいて，時刻 $t=0.3$s のときの位置 $x=9$m の付近では，次のような波形になっていることが推定できるね。

> 2枚重ね

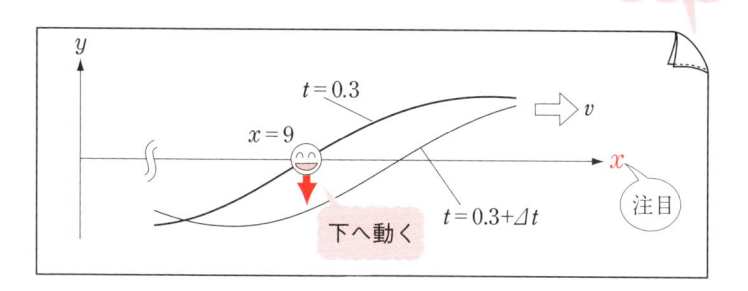

（図：$t=0.3$ と $t=0.3+\Delta t$ の波形，$x=9$ で下へ動く，注目）

ここで，$T=0.6$s，$v=10$m/s で
波の基本式から，波長 λ は，

> T と v の2つget！

$$\lambda = \frac{v}{f} = Tv = 0.6 \times 10 = 6 \,[\text{m}]$$

となるので，$x<9$ の範囲の y-x グラフを $\lambda=6$m として，$x=9$m まで延長してかくと，求める y-x グラフは次のような形となることが分かる。

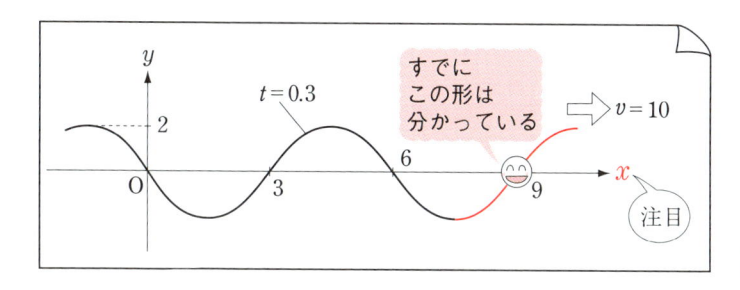

（図：$t=0.3$ の波形，振幅 2，$x=3, 6, 9$，$v=10$，すでにこの形は分かっている，注目）

第1章 波のイメージ＝ウェーブ

● 第1章 ●
まとめ

1 波のイメージ＝「ウェーブ」
 { 波形は平行移動
  各媒質点は単振動 　区別

2 波の基本量と基本式
 (1) $T = \dfrac{1}{f}$
 (2) $v = f \times \lambda$

 v, $f(T)$, λ のうち2つを get できれば残りが分かる。

3 波の2種のグラフ
 (1) y-x グラフ：ある時刻での波形の写真

 横軸チェック！　　↕　変換できるようになろう！

 (2) y-t グラフ：ある点の変位の時間変化

 波形の写真を2枚重ねると，各点の動きがよく見える。

次は波のいろいろな作図法について見ていこう

第2章 縦波・反射波

▲満員電車でブレーキを踏むと縦波（疎密波）が生じる

Story ① 横波と縦波

▶(1) 縦と横ってどうやって決めるの？

　トツゼンだけど，図1のような魚についた縞模様は「横縞」とよぶんだっけ？　それとも「縦縞」とよぶんだっけ？

> 上下方向に縞が入っているから「縦縞」に決まってるよ。

　ブブー！　この魚の上下に入っている縞は縦ではなくて「横縞」というんだ。ウソだと思ったら図鑑で調べてね。

図1　縦縞 or 横縞？

> ドーシテ，上下方向なのに「横」なの？

24　物理基礎の波動

ポイントは基準のとり方だ！

魚の縞模様の場合は，**図2**のように魚の進む向きを基準にとる。

そして，その基準方向と同じ方向の縞を「縦縞」，基準方向と90°（直角方向）の縞を「横縞」とする。

ルールはシンプルで，

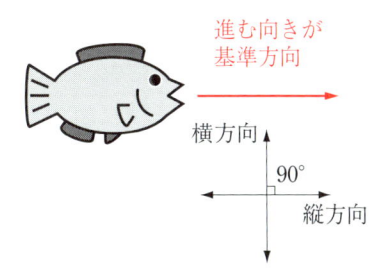

図2　縦と横の決め方

> 基準（進行方向）に沿ったものを「縦」
> 90°方向となるものは「横」

このルールは次に見る「横波」，「縦波」でも全く同じルールとなるからね。

▶(2)　横波って何？

図3のように，玉（●）をばね（〰〰）でつないだものを用意して，左端を手で上下に振るぞ。

上下に振る

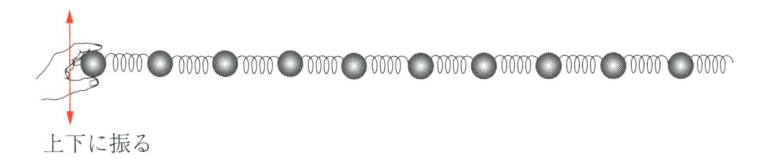

図3　何波ができるか？

すると**図4**のように，sinカーブ型をした「波形」ができる。この波形は右へ進む。

では，このときの各玉（●）はどちら方向に振動しているかな？

また，この波は「何波」とよべばよいかな？

えーと，各玉(●)は上下に振動しているな。すると…波形の進行方向と90°方向を向いているから，横波だ！

いいぞ！ その調子。

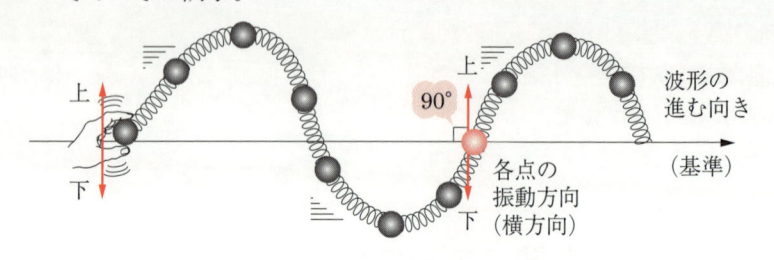

図4　横波ができた！

このように，波形の進行方向と90°方向に振動する波を横波という。横波の例としては，光波や，地震のS波(あとからやってくる主要動)がある。

▶(3)　縦波って何？

今度は図5のように，左端を手で左右に振ってみるよ。

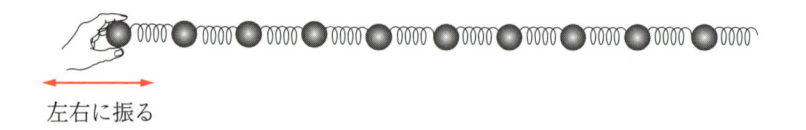

図5　今度は何波ができる？

すると図6のように，各玉(●)の左右の振動が次々と伝わる波ができるね。この波は「何波」とよべばいいかい？

ハイ！　各玉は波の進行方向に沿って左右に動くから，これは縦波です。

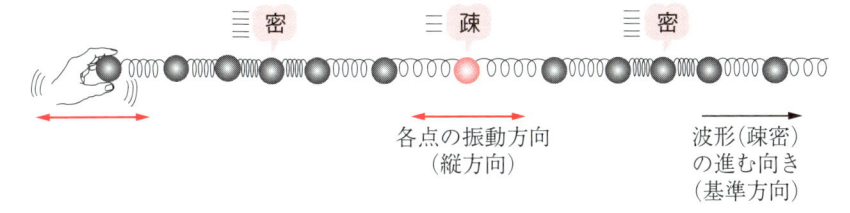

図6 縦波ができた！

　そうだ。また注目してほしいのは，**図6**のように，まわりから玉がギュッと集まってきて密集している部分(密)と，まわりから玉が逃げて，スカスカになっている部分(疎)があることだ。

　そして，時間とともにこの「密」と「疎」に相当する部分が次々と進行方向(右)に移動していく。まるで玉突きのようだね。

　そこで，この縦波は別名「疎密波」ともよばれる。具体例は，音波や，地震のP波(はじめにやってくる初期微動)だ。

▶(4) 縦波(疎密波)の横波表示

　図4の横波では，波形が「sin, cosカーブ」の形で「スイスイ」と表せるね。

　これに対し，**図6**の縦波では，波形が「疎密」の形となるので「グチャグチャ」となってしまい，表すのがめんどうくさいよね。

　そこで，次のルールを使って縦波を横波の姿を借りて表してしまうんだ。

```
縦波での右への変位 ➡ 横波での上への変位
縦波での左への変位 ➡ 横波での下への変位
```

「上　右」ルール　と覚えよう

第2章　縦波・反射波

このルールによって，図7の(b)のような縦波の「疎密」を，図7の(c)のように横波の「sin, cosカーブ」で表してしまうことができる。
　また，これとは逆の手順で，横波表示から元の縦波の形に戻すこともできるよ！

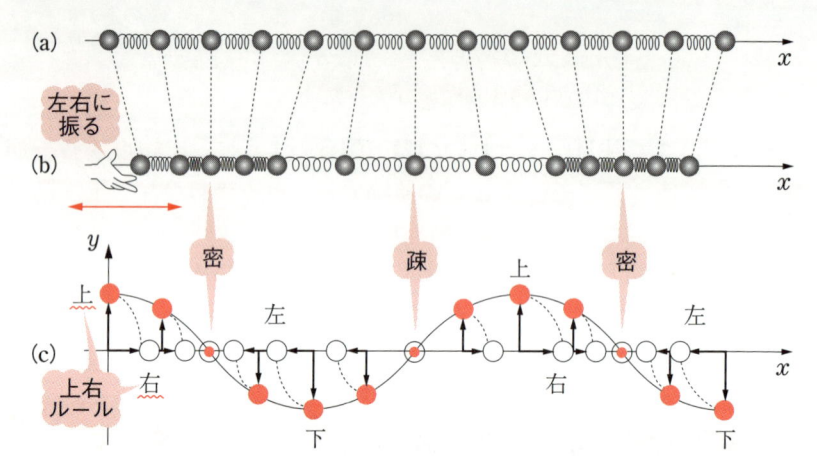

○…縦波としての媒質点の位置（左右に変位している）
●…横波としての媒質点の位置（上下に変位している）

図7　縦波を横波として表す

縦波でも，横波のように表すことができるんだね。

POINT 1 横波と縦波

① 横波：「波形」の進行方向と「媒質点」の振動方向が90°
（例：光波）↑ sin, cosカーブの形

② 縦波：「波形」の進行方向と「媒質点」の振動方向が同じ
（例：音波）↑ 疎密の形

③ 対応：横波で上向きへの変位 ⇔ 縦波で右向きへの変位
　　　　　（下）　　　　　　　　　（左）

　　　　　　　　　　上 右 ルール

チェック問題 1　縦波と疎密の分布　　易　5分

図aのように横波表示をされている縦波がある。ただし$+x$向きの変位を$+y$向きの変位におきかえてある。

(1) $t=2\text{s}$で媒質の密度が最大となっている点のうち，$0 \leq x \leq 12$に入っているx座標を求めよ。

(2) 密度が図bのように，時間変化する点のx座標を，図aの中の$0 \leq x \leq 12$のうちから求めよ。

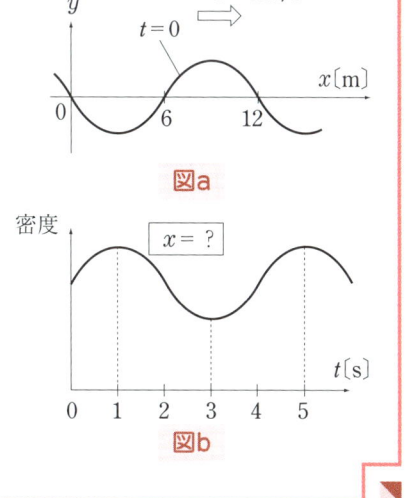

図a

図b

第2章　縦波・反射波

解説 (1) $t=2\text{s}$ の y-x グラフは，$t=0\text{s}$ のグラフを右へ
$v\times 2=3\times 2=6$ [m] ずらしたものだから，次のようになるね。

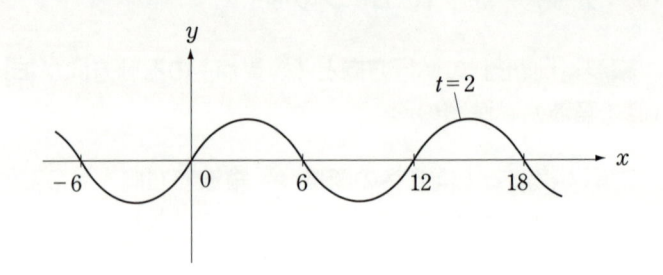

ここで 上 右ルール を使ってこの横波表示を縦波の姿に戻すと，
$0 \leqq x \leqq 12$ の範囲では

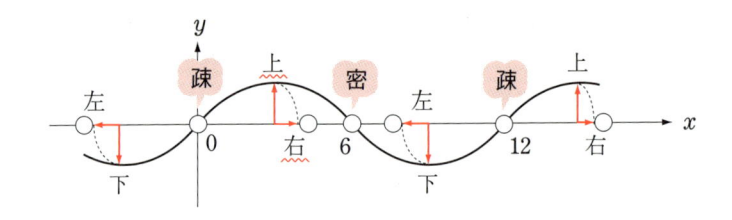

このように $x=6$ [m] ……**答** の位置が密になっている。

(2) **図b**より求めたい点の密度は，$t=1\text{s}$ で最大の「密」となっている。
そこで，$t=1\text{s}$ の y-x グラフをかいてみよう。
　$t=1$ の y-x グラフは，$t=0$ の y-x グラフを右へ
　　$v\times 1=3\times 1=3$ [m]
ずらしたものだから，次ページのようになる。

ここで 上 右 ルール を使うと，

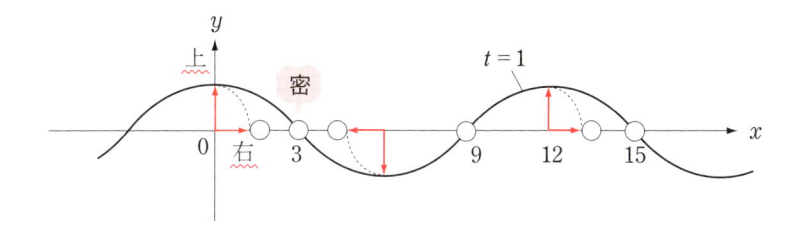

このように $0 \leqq x \leqq 12$ の範囲では，$x = 3$m で「密」になっていることから，図bのグラフは $x = 3$〔m〕……答 の点での密度の時間変化を表したものといえる。

　ちなみに，地震で最初にくるカタカタはＰ波で縦波だ。遅れてやってくるユサユサの主要動は，Ｓ波で横波だ。新幹線は，この先にやってくるＰ波を検知して警報を発する「ユレダス」というシステムを採用している。縦波と横波の速さに違いがあるおかげで，命を救えるんだね。

「上右ルール」と覚えよう！

第2章　縦波・反射波

Story ❷ 合成波って何？

車どうしがぶつかると，図8のように，ガシャーンとクラッシュしちゃうよね。

では，波どうしがぶつかったらどうなってしまうんだろう？

> えー，やっぱり何かグシャグシャになってしまうかな。

いいや，そんなことは全くなく，図9の波Aと波Bのように，スーと素通りしてしまうんだ。まさに「忍法通り抜けの術」みたいだね。

このことを「波の独立性の原理」というんだ。

> へー。じゃあ，波どうしが重なっている途中の状態はどうなっているんですか？

いい質問だ。そのときには図10のように，2つの波の変位を単純に足した変位をもつ合成波ができるんだ（波の重ね合わせの原理）。

ガシャーン

図8 クラッシュ！

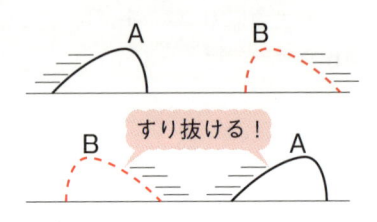

すり抜ける！

図9 波の独立性

合成波A+B

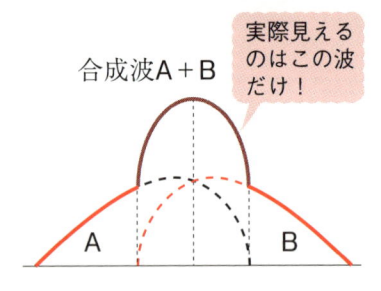

実際見えるのはこの波だけ！

図10 波Aと波Bの変位を単純に足すと合成波A+Bになる（波の重ね合わせの原理）

ここで大切なことは，実際に目に見えるのは，合成波だけだということなんだ。図10では，波Aと波Bの点線部分は，決して目に見えることはないよ。だから，問題文の中で単に「波を図示せよ」ときたら，それは「実際に，目に見える合成波を作図しなさい」ということなんだよ。

Story ③ 反 射 波

▶(1) 反射の究極の２択

「ヤッホー！《ヤッホー》」山で声がこだまする。キラッキラッ。鏡で太陽の光が反射する（まぶしい！）。「チャプン！」プールの壁で水の波がはね返っていく。

これらは，いろいろな波が，障害物や異なる物質どうしの境界面で反射することで起こっているんだよ。しかし，その反射にはたった**２タイプしかない**んだ。それを，**自由端反射**と**固定端反射**という。

何が「自由」で，何が「固定」なんですか？

それは，壁にあたる部分で媒質（波を伝える物質）が自由に振動できるか，それとも，固定されて全く振動できないかで決まるんだ。

図11のようなロープを張った装置でいえば，上が自由端で，下が固定端になるよ。今から手を「プルン！」と１回上下させて山の形の波を右向きに送ってみよう！　ちなみに，壁へ向かって送り込む波を**入射波**というよ。

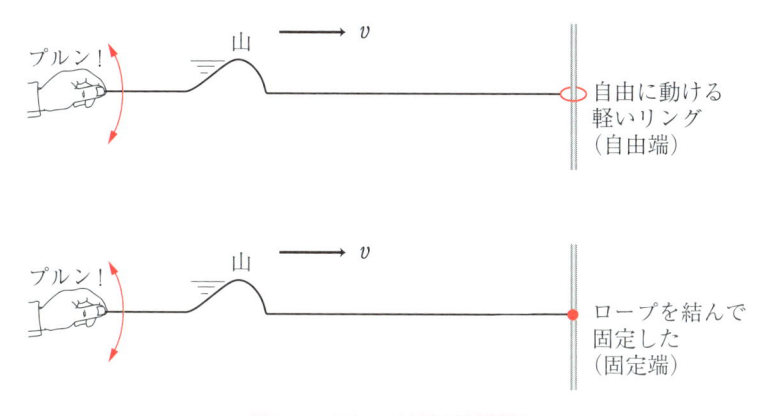

図11　自由端と固定端

図11の自由端と固定端に送り込んだ入射波は，いったいどのような形の反射波になって，はね返ってくるのだろうか。

その結果が，ズバリ図12だ。

山
$v \leftarrow$ 　自由端

固定端
$v \leftarrow$
谷

上下がひっくり返っている

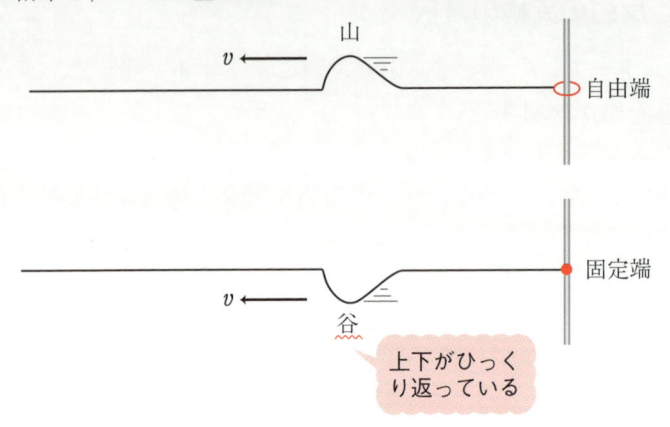

図12　自由端と固定端の反射波

？ どうして固定端のときだけ，山が谷にひっくり返っているの？

それは，次にまとめるように，入射波が壁に入り込んだときに何が起こっているかを見ると分かる。

自由端と固定端，それぞれに分けて考えてみよう。

▶(2)　**自由端反射はそのまま折り返す**

自由端というのは，端点でロープに全く力がはたらかないということ。

よって，入射波には何の変位のずれもなく，進行方向だけ逆転して**そのまま**戻っていく。

したがって，次の2つのステップで作図できる。

まず，図13で示した透過波というのは，「壁がない」と仮定したときの入射波の姿を表すよ。

34　物理基礎の波動

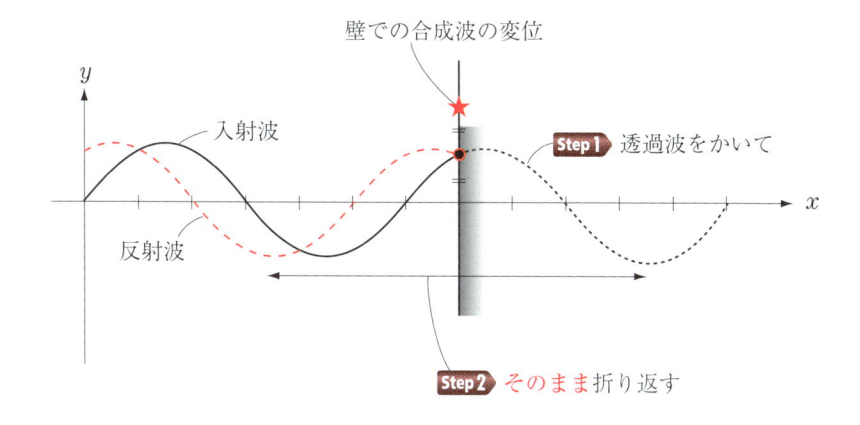

図中テキスト:
- 壁での合成波の変位
- 入射波
- 反射波
- Step1 透過波をかいて
- Step2 そのまま折り返す

図13　自由端反射波の作図法の2ステップ

　ここで注目してほしいのは，ちょうど壁の位置での波の変位だ。入射波の変位 ● と反射波の変位 ● はどんな関係だい？

> ● と ● は，同じ高さになっています。

　そうだ。そのことを入射波と反射波は，壁の位置で「位相のずれがない」というんだ。
　位相というのは，波の振動のタイミングのイメージで，要は，「● と ● は全く同じ振動をしている」ということだ。
　さらに，そのことから入射波と反射波との合成波の壁の位置での変位 ★ は，● と ● を足すとそれらの2倍の変位になっていることになるね。合成波は実際に見える波だから，自由端の位置では実際に大きな波が見えるということになるんだ。

たとえば，**図14**のように，水の入ったバケツを左右にゆすると，「チャッポン！チャッポン！」と端の位置で大きく揺れるのが見えるよね。これも水が壁の位置で自由に動ける自由端となっていることの現れだよ。

また，中学校時代，はやっていたのが，プールのとき，タオルでムチをつくって「プルン！」と手を振って水着の相手を攻撃する遊びだ。これもかなり威力があったのは，**図15**のように端が自由端で大きく動いたからだね。

自由端

図14　自由端では大きな揺れ

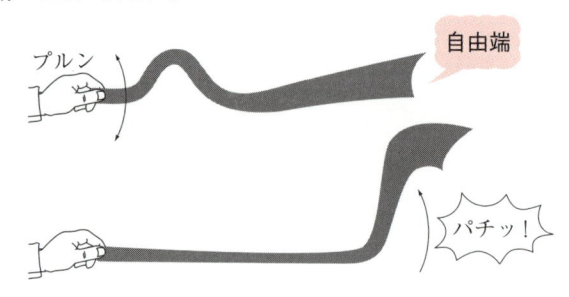

プルン　　　　　　　自由端

パチッ！

図15　タオルのムチは強力な武器

▶(3)　固定端反射は上下ひっくり返してから折り返す

　固定端反射では，端点でロープがガッチリ固定されている。だから，**図16**のように，山の形をした波が入った瞬間，「上へずれちゃダメ！」と端点からロープへ下向きの撃力が加わる。この撃力によって，一瞬にして<u>上下がひっくり返されて</u>から，進行方向が逆転して戻ってくる。

36　物理基礎の波動

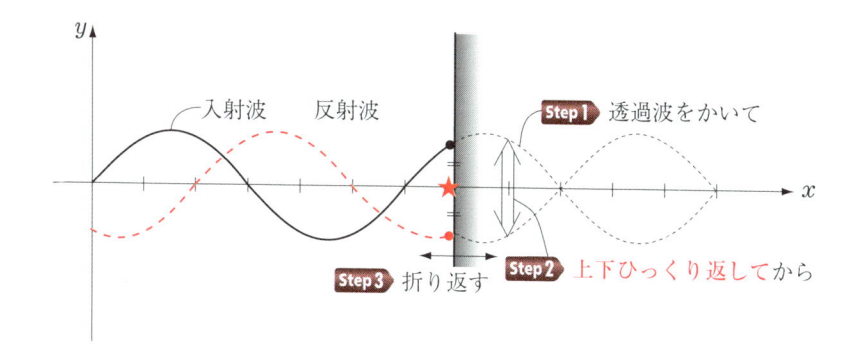

図16　固定端反射波の作図法3ステップ

　ここで注目してほしいのは，やはり壁の位置での入射波の変位●と反射波の変位●の関係だ。ちょうど上下ひっくり返って逆符号の変位になっているね。このことを「**位相のずれが π（パイ）**」とか，「**位相が逆になっている（逆位相）**」という。

> 位相というのは，詳しくは第5章の「波の式のつくり方」で見るけど，波形を三角関数で表したときの角度部分という意味をもっているんだ。角度が π〔rad〕= 180°ずれると，三角関数の符号は逆転するよね。

　さらに図16から，壁での合成波の変位★は，いくらになることが分かるかい？

> ●と●が逆の符号ということは，足した合成波★の変位は0となります。

　そうだ。★の変位は，いつも必ず0なんだ。★は，実際に見える合成波だから……

> あ！　実際に見えるロープもガッチリ固定されて，動かないことと合っています！

　その通り。逆にいえば，壁でロープが固定されるためには，入射波を上下ひっくり返す必要があったんだね。

第2章　縦波・反射波

POINT 2 自由端反射と固定端反射

① 自由端反射

透過波を**そのまま**折り返す。

[壁で入射波と反射波の変位は同じ（位相のずれなし）。
 合成波の変位は壁では常に入射波の2倍。]
　　　　↑実際に見える

② 固定端反射

[透過波を**上下ひっくり返して**から折り返す。
 壁で入射波と反射波の変位は逆符号（位相πずれる）。]
合成波の変位は壁では常に0。
　　　　↑実際に見える

チェック問題 ❷　自由端・固定端反射波，合成波　標準 6分

図のような三角形をした波が $x=8$m にある壁に入っていく。$t=3$s での

①入射波 ——
②反射波 ----
③合成波 —— の波形を，

壁が，次のそれぞれの場合に分けて作図せよ。

(1) 自由端反射の場合
(2) 固定端反射の場合

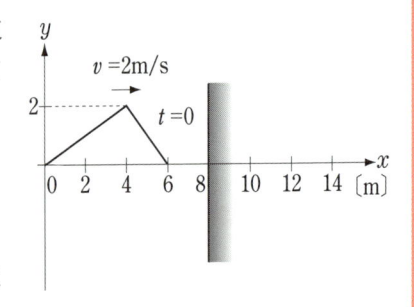

解説 図aのように，3s 後に波形の先端は，もし壁がなければ（透過波として），$x = 6 + 2 \times 3 = 12$ 〔m〕まで平行移動している。

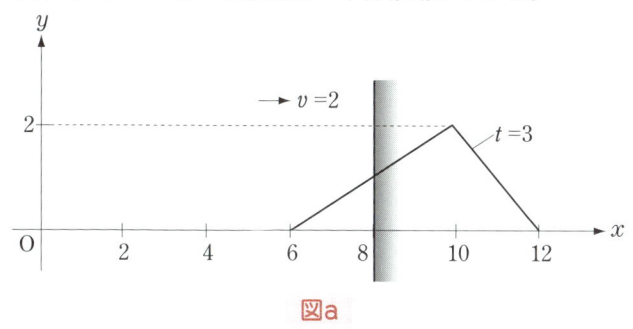

図a

(1) **自由端反射のとき**

透過波をそのまま折り返すので，図 b のような各波形ができる。合成波は，図cのように，$x = 6, 7, 8$ での各波形の変位を足して，1つひとつ求めていくと分かりやすい。

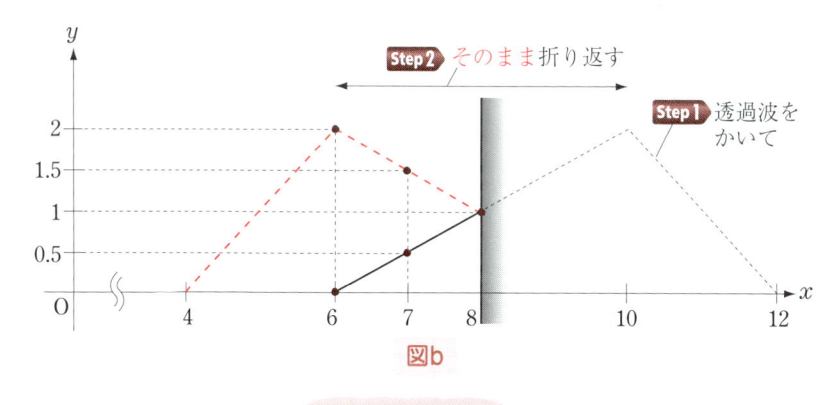

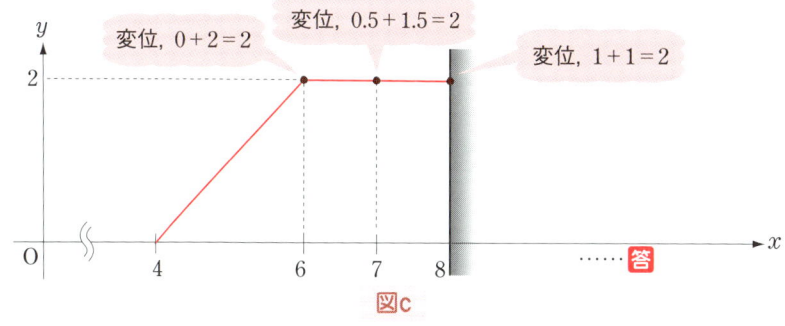

図b

変位，$0 + 2 = 2$
変位，$0.5 + 1.5 = 2$
変位，$1 + 1 = 2$

図c

第2章 縦波・反射波

(2) **固定端反射のとき**

透過波を上下ひっくり返してから折り返すので，図dのような各波形ができる。合成波は，図eのように，$x=6$，7，8で符号も含めた変位の足し算をして，コツコツ作図しよう。

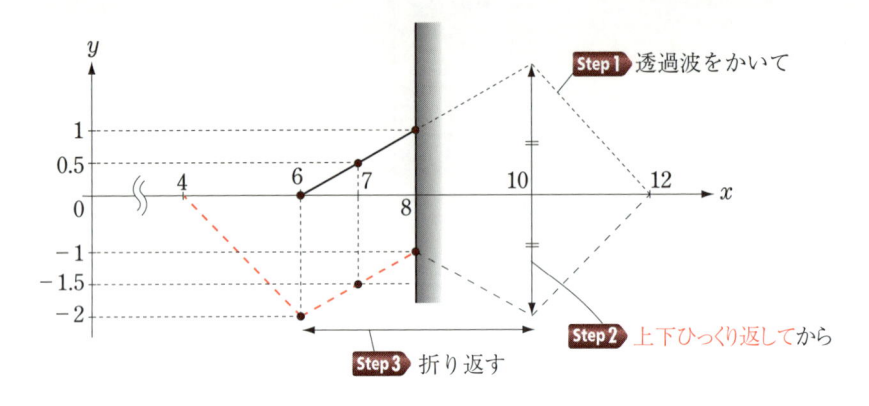

Step 1 透過波をかいて
Step 2 上下ひっくり返してから
Step 3 折り返す

図d

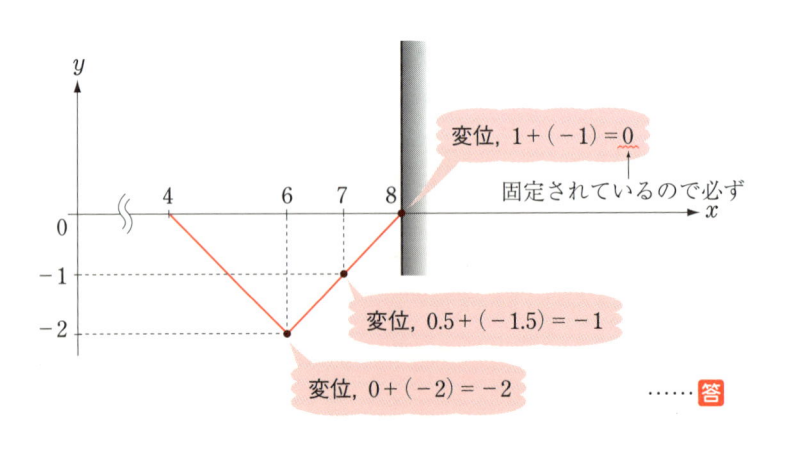

変位，$1+(-1)=0$
固定されているので必ず
変位，$0.5+(-1.5)=-1$
変位，$0+(-2)=-2$ ……**答**

図e

● 第2章 ●
ま と め

1 縦波（疎密波）
(1) 波形の進行方向に沿った方向の振動が次々と伝わる
疎，密となる部分が移動していく
(2) 横波表示で上に変位 ⇔ 縦波では右に変位
　　　　　　（下）　　　　　　　　　（左）

<u>上</u> <u>右</u> ルール

2 合 成 波
(1) $y_{合成} = \underline{y_A + y_B}$ （重ね合わせの原理）
　　　　符号も含めた変位の単純和
(2) 実際に見えるのは合成波のみ

3 反 射 波
(1) 自由端反射波
　　　透過波を**そのまま**折り返す
(2) 固定端反射波
　　　透過波を**上下ひっくり返して**折り返す

本章の内容を次の定常波に応用しよう

第3章 定常波と弦・気柱

▲弦・気柱とはまさに弦楽器や管楽器のことだ

Story ① 定常波って何？

▶(1) まずは第2章の固定端反射のおさらいから

さて，忘れないうちに復習しよう。図1のような固定端では，右へ進む入射波の透過波を上下ひっくり返して，壁に関して折り返すと，左へ進む反射波ができた。右へ進む入射波と左へ進む反射波を足し合わせると，合成波ができる。これらのうち，実際に見えるのは合成波だけだったね。ここまでは前回の復習だよ。

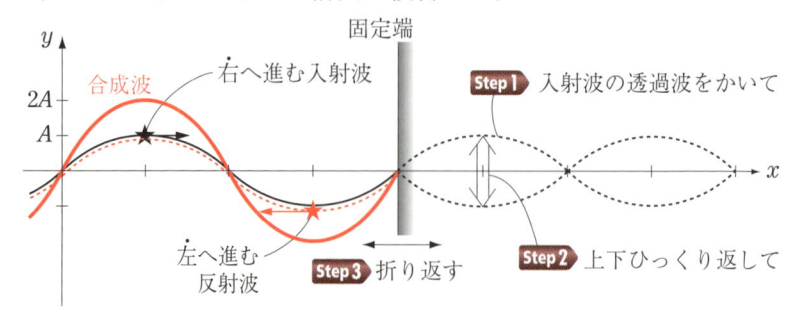

図1 固定端反射の場合の合成波

(2) 定常波をつくろう

図1の時刻を $t=0$ として，$t=\dfrac{1}{4}T$, $t=\dfrac{1}{2}T$, $t=\dfrac{3}{4}T$, と4枚の y-x グラフの「写真」を撮ってみよう（**図2**）。

㋐では右へ進む波と，左へ進む波とがちょうど重なって，その合成波はもとの波の2倍の変位になっているね。

㋑ $\dfrac{1}{4}$ 周期後（つまり，$\dfrac{1}{4}T \times v = \dfrac{1}{4}\lambda$ だけそれぞれの波は進んでいるよ），ちょうど2つの波は山と谷とが重なるので打ち消し合っている。よって，合成波は0だね。

㋒さらに，$\dfrac{1}{4}$ 周期後，再び2つの波が重なるので，2倍の変位の合成波ができる。ただし，㋐のときとは上下がひっくり返るよ。

㋓さらに，$\dfrac{1}{4}$ 周期後，㋑と同様に2つの波は打ち消し合う。

$t=T$ では再び㋐へ戻るため，以上で1サイクルになる。

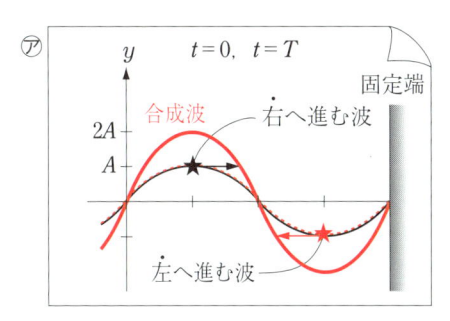

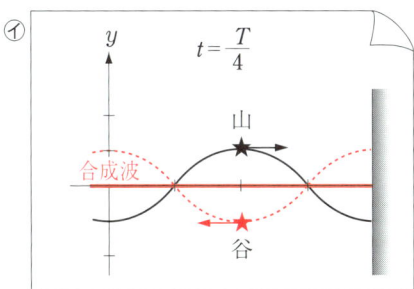

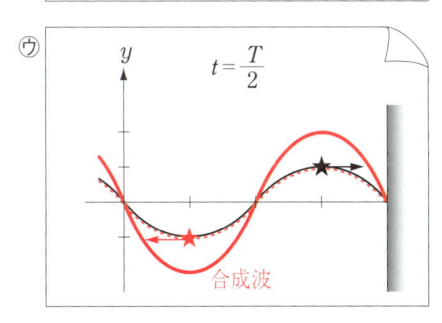

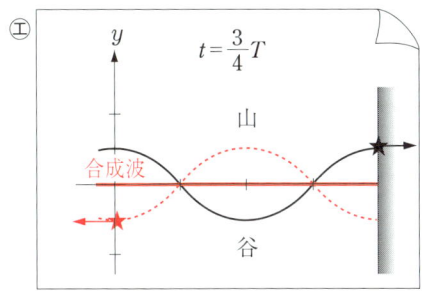

図2　入射波と反射波の合成波

第3章　定常波と弦・気柱

ここで，図2のうち，実際目に見える合成波の部分だけを抜き出して4枚の写真を重ねると，図3のようになる。この図から分かるように合成波は全く進行せず，その場で「クネクネ」とヘビのように「のたうちまわる」波になっているね。この波のことを定常波というんだ。

> すると，実際に目に見えるのは，このクネクネと動く定常波だけなんですね。

そうだよ。

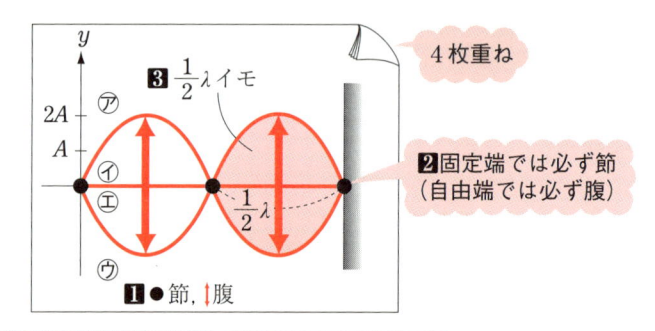

図3　図2の合成波のみ抜き出して重ねる

ここで大切なポイントは3つあって，

1. 定常波中には全く振動状態が異なる次の2つの点がある
　　記号 ● …全く振動しない(振幅0)点：節という
　　記号 ↕ …最も激しく振動する(振幅$2A$)点：腹という
2. 固定端の位置には，必ず節ができる(端では動けないので)
　　自由端の位置には，必ず腹ができる(端で最も激しく動くので)
3. 図3で色をつけた部分は，まるで「芋(イモ)」のような形をしている。その長さは入射波の波長λの$\frac{1}{2}$倍の長さをもっている。
　　この部分をこれからは

$$「\frac{1}{2}\lambda イモ！」$$

とよぶことにするよ(笑)

物理基礎の波動

POINT1 定常波

① 互いに逆向きに進む2つの同じ形の波どうしでつくられる，たとえば，入射波と反射波を足し合わせてできる合成波

② 全く進行せず，その場で「クネクネ」振動する

③
- ●節：振幅 0 の点（固定端では必ず節）
- ↕腹：振幅 $2A$ の点（自由端では必ず腹）

④ $\frac{1}{2}\lambda$ の長さをもつ　　　　「$\frac{1}{2}\lambda$ イモ」がつながる形

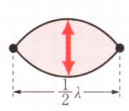

「互いに逆向きに走ってきた波が重なる」と定常波発生だ！

第3章 定常波と弦・気柱

Story ❷ 弦の振動

　キミは，バイオリンやチェロなどの弦楽器は好きかい。いったい，あの美しい音色はどうやって出てくるんだろうね。

　いま，**図4**のように，おんさを横にして，先に糸をつけて右端を固定しピーンと張るよ。ここでおんさをたたくと，糸(弦)には縦波と横波のどっちが伝わっていく？

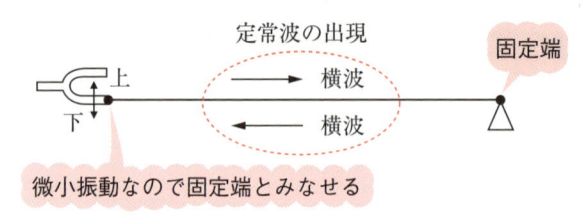

図4　弦に振動を送り込むと…

> えーと，おんさは，上下に振動するから……そう横波です。p.25と同じです。

　いいぞ。そして，その横波は右端で固定端反射をしたあと，反射波となって入射波と重なるから，**Story ❶**で見てきたように……

> 互いに逆向きに走る波の重なり……
> あ！　定常波が発生します！

　そうだ。ここで思い出してほしいのは，**定常波には「自由端が腹」，「固定端が節」となる**絶対的なルールがあったことだ。今の場合は，両端ともに固定端だから，両端ともに節になる必要があるんだ。

> ちょっと待って。おんさの先は振動しているんだから，左端は自由端じゃないの？

いいや，いくらおんさが振動するっていったって，微小振動だ。だから，ほぼ固定端とみなせるんだよ。
　さて，図5のように，両端とも節を満たす振動を弦の固有振動という。弦は，この固有振動の波のみが安定して発生できるんだ。固有振動のうち振動数が最も小さいものを基本振動といい，その2倍，3倍の振動数をもつものを2倍振動，3倍振動というんだ。

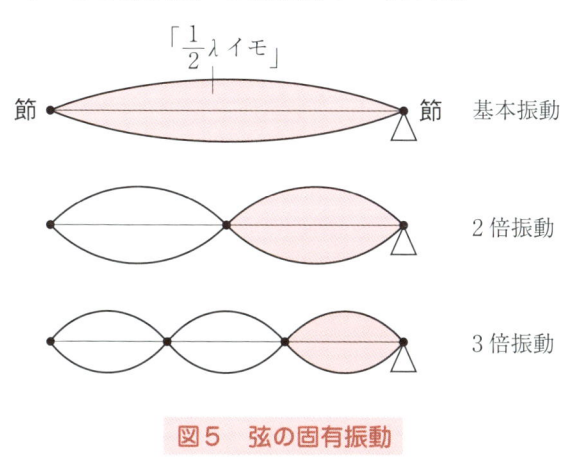

「$\frac{1}{2}\lambda$イモ」

節　　　　　　　　　節　　基本振動

　　　　　　　　　　　　　2倍振動

　　　　　　　　　　　　　3倍振動

図5　弦の固有振動

　2倍振動，3倍振動となるにつれ，「イモ」の個数も2個，3個と増えていきますね。

　おっ！　いいことに気づいたね。同じ長さの中に「イモ」が2個，3個と入っていくことは，逆に波長 λ は $\frac{1}{2}$，$\frac{1}{3}$ と短くなっていくね。よって，その λ に反比例する振動数 $f=\dfrac{v}{\lambda}$ は2倍，3倍と増えていくんだ。

POINT 2　弦の固有振動

弦の固有振動：両端とも固定端なので節ができる。

第3章　定常波と弦・気柱

Story ③ 気柱の振動

▶(1) 音波ってどうやって伝わるの？

　空気をつめたピストンを押すと反発して戻るね。また，引いても引き戻されるね。このことから，ピストンは，ある力学的なものに似ているけど分かるかい？

> 押しても引いても元に戻ろうとする……あ！　ばねです！

　OK！　すると，図6の上の空気をつめたピストンを左右に激しく振ると，それは図6の下のようなばねの端を左右に振るのと同じだから，

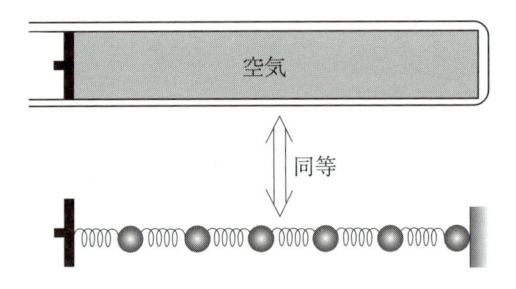

図6　力学的には空気は「ばね」と同じ

> あ！　縦波ができます。p.26と同じです。

　そうだ。すると，図7のように，空気中でスピーカーを鳴らしたり，おんさをたたいたりすることは，空気という「ばね」の一端を左右に揺さぶって縦波(疎密波)を送っていることになるんだ。
　この空気中を伝わる縦波のことを音波というよ。

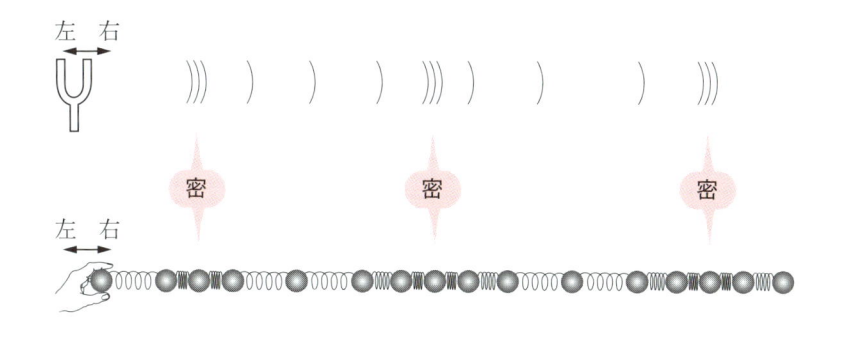

図7　音波とは「空気ばね」中に伝わる縦波（疎密波）

　この音波の速さ（音速）は，気温が高く，空気が軽いほど，軽い「空気ばね」になるので速くなる。たとえば，ヘリウム中では空気よりもはるかに軽いので，ずっと速くなる。また，「空気」がなければ波は伝わらないから，真空中では音波は伝わらないよね。さらに，水中では「ばね」が異常に硬くなる（水をつめたピストンは異常に硬いよね）ので，音速もダンゼン速くなるんだ。

POINT 3　音波のイメージ

① 空気中を伝わる音波とは，空気という「ばね」の中を伝わる縦波（疎密波）である。各空気分子が，左右に振動している。

② 「空気ばね」が軽くなるほど（冷たい空気→暖かい空気→ヘリウム），また，硬くなるほど（液体中→固体中），音速は速くなる。

　うぁ。すると，ボクたちって空気という「ばね」の中にギッシリ囲まれて暮らしていることになるのかな。

　いいイメージだね（笑）　次のページの**図8**を見て！

第3章　定常波と弦・気柱

図8　私たちは空気という「ばね」の中に囲まれて暮らしている

　キミが手をたたくと，その手が「空気ばね」の一端を揺らし，その振動が縦波として伝わって，キミの耳の鼓膜を振動させているんだ。キミが聞いているすべての音は，このように「空気ばね」の中を伝わってきているんだね。
　大切なことは，音というのは音源から直接飛んでくるモノではなくて，音源がまず「空気ばね」を揺らし，それから，この「空気ばね」の中を縦波の形で振動が伝わっていくことなんだよ。つまり，「空気ばね」の存在を忘れてはいけないということだ。いつも身のまわりにあって目には見えないのだけど，この「空気ばね」のおかげで，ボクらは会話したり音楽を聞いたりすることができるわけだ。
　余談だけど，アニメの宇宙での戦闘シーンで派手にドカン！ドカン！と音がしているけど，あれはありえないからね(笑)
　音は空気の存在がなくては伝わらないんだ。空気を意識してほしい。

▶(2) 気柱って何？

　図9のように，細長い管の先におんさを縦にして置いたものを用意しよう。そして，このおんさを鳴らして音波を管の中に送り込もう。
　このとき，管の中は空気で満たされ，気柱ができているため，音波は縦波として，空気分子を左右に揺らしながら進んでいく。
　すると，管の右端の閉じた壁では，空気分子は左右に動けないので固定端反射をしてはね返り，入口からやってくる入射波と互いに逆向きの波どうしで重なるので，……そう，定常波が発生するぞ。
　ここで大切なことは，管の左端の開いた部分では，空気分子は自由に動けるので，自由端反射をすることだよ。

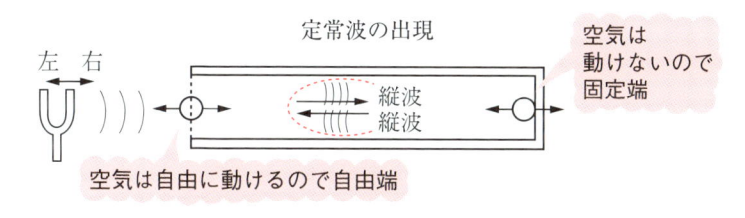

図9　気柱に音波を送り込むと

え！　管の入口では何も壁がないのに，どーして「反射」なんてできるんですか？

　おっ！　とてもいい質問だ。確かに入口では，固い壁はないけれど，図10のように，**外部の大気（圧力はいつも大気圧で一定）と内部の空気（圧力変化する）という異なる性質の空気の境界線**がある。つまり波は，この境界線で反射するイメージだ。

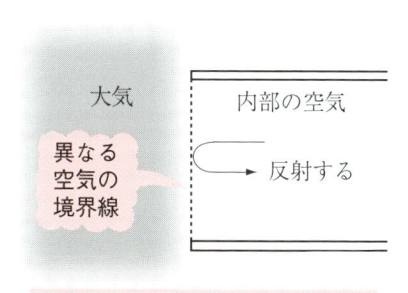

図10　入口にも「壁」はある

第3章　定常波と弦・気柱

これで，**図11**のように，一方が閉じた管(**閉管**という)に生じる定常波がかける。ポイントは次の4つだ。

① 　音波は縦波(疎密波)であるが，波形をかきにくいので「上 右ルール」(p.27)で横波の姿を借りて表示している。
　　　　　　　(実際には，空気分子は左右に振動していることに注意)
② 　底(閉じている方)では固定端なので節が生じる。
③ 　入口(開いている方)では自由端なので腹が生じる。ただし入口よりも少し外にはみ出して腹ができる。この「はみ出し」の距離を開口端補正という。　　　　(振動が少し外へ漏れるイメージ)
④ 　音波は目には見えないので，この「定常波が発生する(立つ)」ということを「大きな音が出る」とか「共鳴する」と問題文では書いてある。

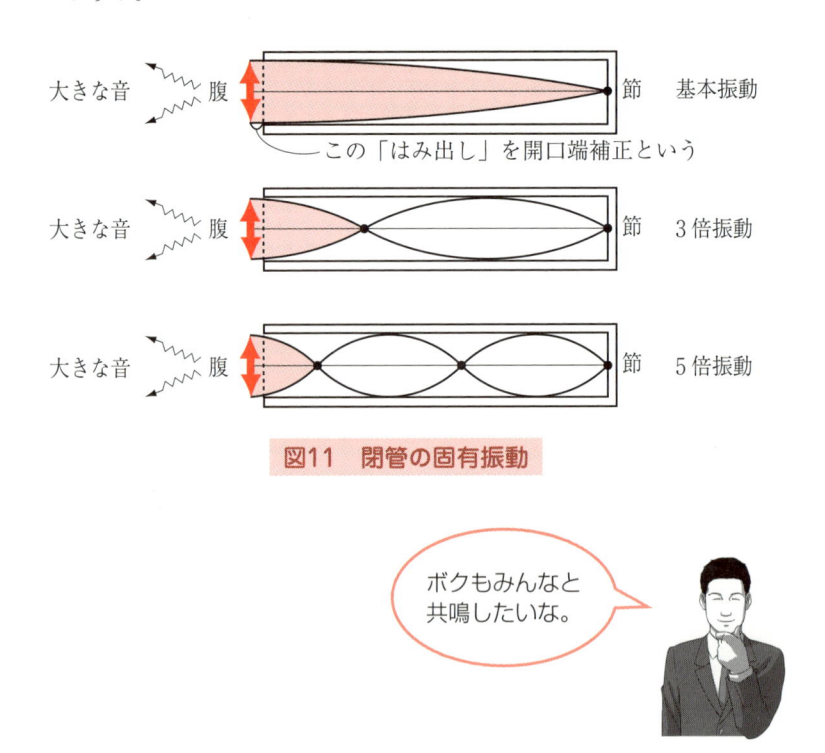

図11　閉管の固有振動

> ボクもみんなと共鳴したいな。

あれ？　図11で，どうして基本振動の次が2倍振動，3倍振動とならないで，3倍，5倍と奇数倍なのですか？

いいことに気づいたね。それは，図12のように基本振動に含まれる◁▷のような「$\frac{1}{4}\lambda$イモ！$\left(\frac{1}{2}\lambda\text{イモの半分}\right)$」

ケチくさいイモ

が基準となって，それが3倍振動には3個，5倍振動には5個含まれているから奇数倍なんだ。

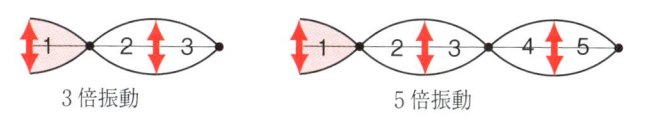

3倍振動　　　　　　5倍振動

図12　奇数倍振動のみになる理由

つまり，

基本振動と同じ形が n 個含まれれば n 倍振動

という，とってもシンプルなルールなんだ。

では，図13のように，両端の開いた管（開管）に音波を送り込むと，どのような定常波が生じるかな？　そして，基本振動の次とその次は，何倍振動となっていくかな？

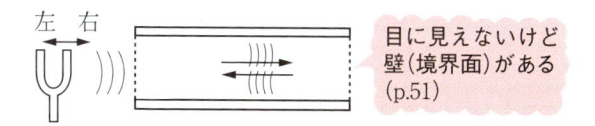

左　右

目に見えないけど壁（境界面）がある（p.51）

図13　開管に音波を送り込む

えーと，両端とも腹で開口端補正がつくから……。

第3章　定常波と弦・気柱

大きな音 〜〜 腹　　　　　　　　　　　　　腹　基本振動

大きな音 〜〜 腹　　　　　　　　　　　　　腹　2倍振動

大きな音 〜〜 腹　　　　　　　　　　　　　腹　3倍振動

図14　開管の固有振動

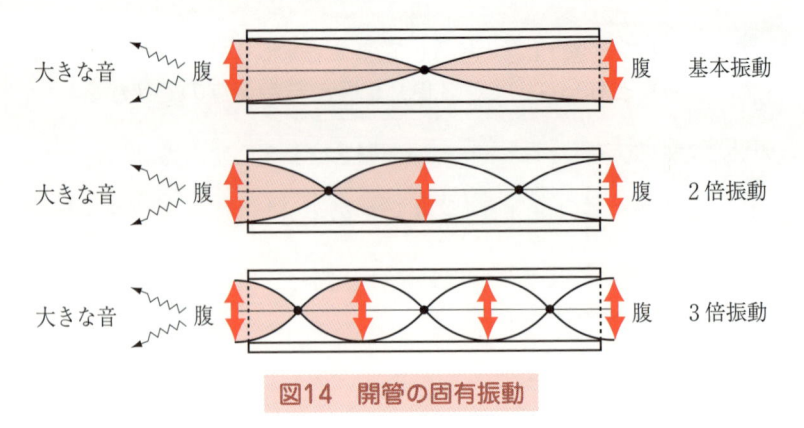

> そして，この中には基本振動として ⧖ の形の「チョウチョウ」が2匹，3匹と入っていくから，2倍，3倍振動と続く……

大正解！　コツをつかんだね。ボクには「リボン」に見えるけど(笑)

POINT 4　気柱の固有振動

① 　閉じた端では，固定端で節ができる。
　　開いた端では，自由端で腹ができる。
　　　　　　　　　　　↑端より少しはみ出る
　　　　　　　　　　　（開口端補正という）

② 　基本振動と同じ形が n 個含まれるとき n 倍振動という。

> 開口端補正は忘れずに！

54　物理基礎の波動

Story ④ 弦・気柱の解法はワンパターン

これまでのポイントを押さえた人にとっては，弦・気柱は，はっきりいってワンパターン。次の「ハメ技」が使えるゾ！

POINT 5 《弦・気柱の解法》

Step 1 何よりも先に定常波を図示し，波長 λ を求めよう。

（「$\frac{1}{2}\lambda$ イモ」を見つける！という方針でいくと必ず求まるぞ。）

Step 2 もとの進行波の速さ v を求めよう（公式を活用）。

① 弦の場合 $v=\sqrt{\dfrac{S}{\rho}}$ 　$\begin{cases} S\,[\text{N}]\,(=[\text{kg}\cdot\text{m/s}^2])：弦の張力 \\ \rho\,[\text{kg/m}]：弦の線密度（1 m あたりの質量[kg]）\end{cases}$

（この公式は，弦を強く張り（$S\to$大），弦が軽い（$\rho\to$小）ほど $v\to$大となるというイメージをつくって覚えよう。）

② 気柱の場合　音速 $v=331.5+0.6t$ 　（t [℃]：気温）

（この公式は1気圧の空気中のときのみ使える。ヘリウム中では音速はもっと速いし，CO_2 中では遅くなるよ。）

Step 3 波の基本式　$v=f\lambda$，$f=\dfrac{1}{T}$ より振動数 f や周期 T を求めよう。

ここで大切なことは，速さ v は，弦や空気などの媒質の性質のみで決まり，振動数 f は，おんさやスピーカーなどの音源の性質のみで決まるという対応関係だ。

たとえば，弦をとりかえれば，速さ v のみ変化する（振動数 f は変わらない）。一方，おんさを変えると，振動数 f のみ変化する（速さ v は変わらない）ということだよ。何が変化し，何が変化しないかを見きわめるのに大切になってくる対応関係だ。

第3章　定常波と弦・気柱

チェック問題 ❶ 弦の振動　　標準 10分

図のように，線密度 ρ の糸の先端Aに振動数 f で振動しているおんさを固定し，もう一方の先端B点には質量 M のおもりを乗せ，なめらかに回る滑車にかけてつり下げた。このとき，n 個の腹をもつ定常波が発生した。AB$=L$，重力加速度の大きさを g とする。

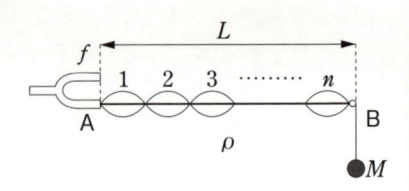

(1) おもりの質量のみを M' にすると腹の数が $(n-1)$ 個になった。M' を求めよ。

(2) さらに，おんさを振動数 f' のものにすると，腹の数が n 個に戻った。f' を求めよ。

解説 (1)

> さて，おもりの質量を M' にすると……

待って！　あわてるな！　**まずは，はじめの与えられた状態について考えてから**．そのあとにおもりの質量を変えよう。

《弦・気柱の解法》(p.55) に入るよ。

Step 1 図aでは，「$\frac{1}{2}\lambda_0$ イモ」が何個で全長 L 〔m〕になっているかい?

> 「イモ」が n 個です。

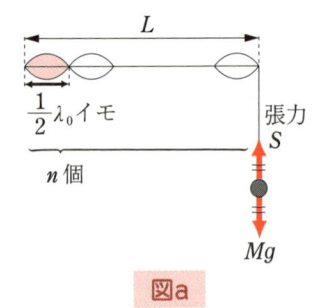

では，式を書いてみよう！

$$\underbrace{\frac{1}{2}\lambda_0}_{\text{イモが}} \times \underbrace{n}_{n\text{個で}} = \underbrace{L}_{\text{全長}L} \qquad \therefore \quad \lambda_0 = \frac{2L}{n}$$

図a

Step 2 公式より,

速さ $v_0 = \sqrt{\dfrac{S}{\rho}} = \sqrt{\dfrac{Mg}{\rho}}$　　（∵　力のつり合い $S = Mg$）

Step 3 基本式に今までの結果を代入して,

$$f = \dfrac{v_0}{\lambda_0} = \dfrac{n}{2L}\sqrt{\dfrac{Mg}{\rho}} \cdots ①$$

次に, おもりの質量を M' にするよ. 変化するのは速さ v, それとも, 振動数 f, どっち？

> えーと, おもりの質量を変えると弦の張力が変わるから, 速さ v が変化します. 一方, おんさはかえないから振動数 f は変わりません！

よし！　よく対応関係を押さえている. では, もう一度解法に戻ろう.

Step 1 図 b では, 新しい波長を λ_1 として,

$$\dfrac{1}{2}\lambda_1 \times (n-1) = L$$

　　イモが　$n-1$ 個で　全長 L

∴　$\lambda_1 = \dfrac{2L}{n-1}$

Step 2 公式より, 新しい速さ v_1 は,

$v_1 = \sqrt{\dfrac{S'}{\rho}} = \sqrt{\dfrac{M'g}{\rho}}$

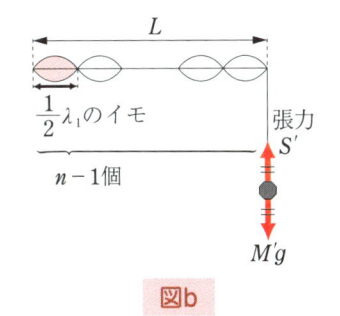

Step 3 基本式に今までの結果を代入して,

$$f = \dfrac{v_1}{\lambda_1} = \dfrac{n-1}{2L}\sqrt{\dfrac{M'g}{\rho}} \cdots ②$$

さあ, ここで①と②の式を見比べてごらん. 一番いい方法は, 左辺どうし右辺どうしを辺々割って比べることだ.

第 3 章　定常波と弦・気柱

$$\frac{f}{f} = \frac{\frac{n}{2L}\sqrt{\frac{Mg}{\rho}}}{\frac{n-1}{2L}\sqrt{\frac{M'g}{\rho}}}$$

$$1 = \frac{n}{n-1}\sqrt{\frac{M}{M'}}$$

$$\therefore \quad M' = \left(\frac{n}{n-1}\right)^2 M \cdots\cdots \text{答}$$

> 辺々割る！と余分なものがどんどん消えて，ほしいものだけが残ってくるよ！だからいいんだ！

(2) 次におんさの振動数を f' にするよ。このとき速さ v_1 は変わるかい？

> 速さ v_1 は弦とおもりのみで決まるので，いくらおんさをかえたって変わりません。

いいぞ！　その通りだ。

Step 1　はじめと同じで，

$$\frac{1}{2}\lambda_0 \times n = L \qquad \therefore \quad \lambda_0 = \frac{2L}{n}$$

（イモが　n個で　全長L）

Step 2　(1)と同じで，

$$v_1 = \sqrt{\frac{M'g}{\rho}}$$

Step 3　基本式に今までの結果を代入して，

$$f' = \frac{v_1}{\lambda_0} = \frac{n}{2L}\sqrt{\frac{M'g}{\rho}} \cdots ③$$

ここで，この③式と何番の式を辺々割るとよいかな？

> えーと，共通の M' どうし入っているので，②式と辺々割ります。

そうだね。共通の文字が多いほど打ち消し合うからね。

③÷②より

$$\frac{f'}{f} = \frac{n}{n-1}$$

$$\therefore \quad f' = \frac{n}{n-1}f \cdots\cdots \text{答}$$

ホントにワンパターンで楽勝だね！

チェック問題 ❷　気柱の振動　　標準 10分

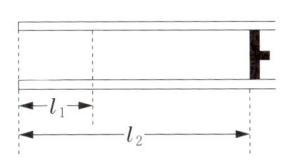

ピストンつきの管の開口端の近くでおんさを鳴らし，開口端とピストンの距離 l を 0 から増加させたところ，まずはじめに $l_1 = 11.1\text{cm}$，次に $l_2 = 36.1\text{cm}$ で共鳴した。おんさの振動数を $f = 680\text{Hz}$ とする。

(1) 音速 v は何 m/s か。
(2) 開口端補正 x は何 cm か。
(3) $l_2 = 36.1\text{cm}$ のとき，空気の密度が最も変動するのは管口から何 cm のところか。

解説　(1)「ハメ技」である《弦・気柱の解法》(p.55) で攻めよう。

Step 1　まずはじめに，$l_1 = 11.1\text{cm}$ で共鳴したということから，どんな定常波の図がかけるかい？

> まず，入り口から必ず開口端補正分はみ出して腹↕。そして，ピストンの位置では必ず節●がくる。最初の共鳴は，図aです。

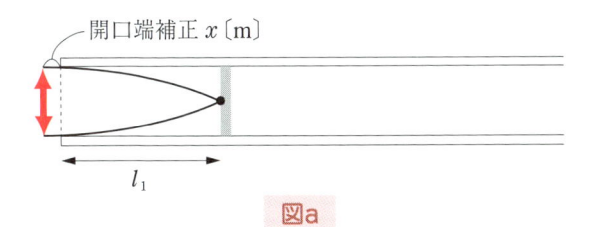

開口端補正 x [m]

図a

OK！　その調子。

> この l_1 は $\dfrac{1}{4}\lambda$ だから，波長 $\lambda = 4l_1$ と求まりますね！

第3章　定常波と弦・気柱

アチャー！ やっちゃった。図aをよく見てごらん。開口端補正分のx〔m〕を忘れないように。正しくは，$\frac{1}{4}\lambda = x + l_1$だよ。ただし，この$x$は今のところ未知だから，まだ波長$\lambda$は出ないよ。

そこで，2回目の共鳴に入ろう。$l_2 = 36.1$cm で共鳴したけど，$l = l_1$のときと，$l = l_2$のときでは，音速vや振動数fは異なっているかい？

> 気温は同じだから音速vは変わらない。そして，おんさも同じだから振動数fも変わらない。
> ……ということは，波長λも変わらないですね。

よく気づいたね。v, fが変わらなければ，波長$\lambda = \frac{v}{f}$も変わらないよね。よって，$l = l_1$のときの波形は，そのまま変わらず，さらに，その右に同じ波長の「$\frac{1}{2}\lambda$ イモ」が付け加わるだけなんだね。

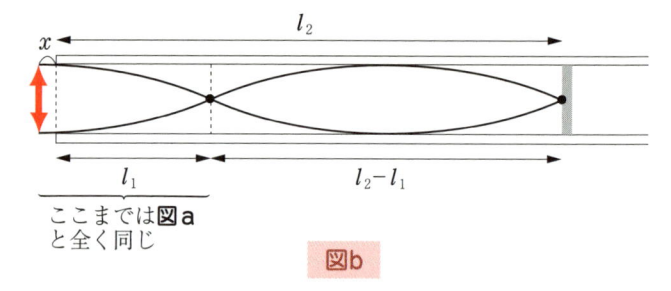

図b

ここまでは図aと全く同じ

すると，図bで，

$$\underbrace{\frac{1}{2}\lambda}_{\text{イモが}} \times \underbrace{1}_{\text{1個で}} = \underbrace{l_2 - l_1}_{\text{全長}\ l_2 - l_1} = 25 \text{〔cm〕}$$

∴ $\lambda = 50$cm $= 0.5$m

Step2 気温が与えられていないので音速の公式は使えない。とりあえず音速をvと勝手に仮定しておこう。

Step3 基本式より，

$v = f\lambda = 680 \times 0.5$〔m〕$= 340$〔m/s〕……答

やっぱりワンパターンだね。

(2) 図aより $\frac{1}{4}\lambda$ の「けちくさいイモ」が1個で $x+l_1$〔m〕なので

$$\frac{1}{4}\lambda = x + l_1$$

$$\therefore\ x = \frac{1}{4}\lambda - l_1 = \frac{1}{4} \times 50 - 11.1 = 1.4 \text{〔cm〕} \cdots\cdots\text{答}$$

(3) 定常波をパチリと写真に写すとどんな波形が撮れる？

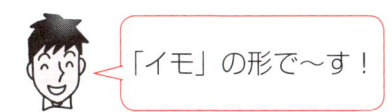

「イモ」の形で〜す！

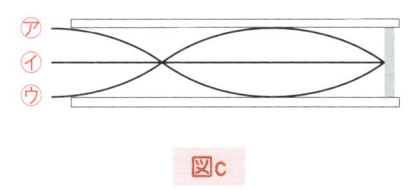

違うっ！ もう忘れたのかっ！ p.43をもう一度見てごらん。

各瞬間の波形は，図cの㋐，㋒のような単なる曲線または㋑のような直線の形をしているぞ！「イモ」というのは，長時間かけて見た輪郭にすぎないんだよ。

ここで，図cの㋐と㋒について，図dのように「上右ルール」(p.27)を使って，横波表示を縦波（疎密波）に戻す。

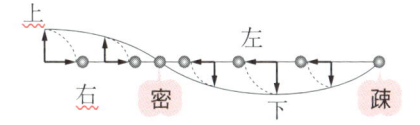

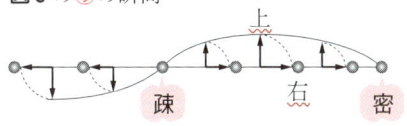

図dより密度変化が最大となる（密 ↔ 疎と変わる）点は定常波の節の位置で，

$l_1 = 11.1\text{cm}$ と $l_2 = 36.1\text{cm}$ ……答

となる。

ちなみに「声」というのは，声帯という「弦」で発した音波を，のどという「気柱」で共鳴して大きくして出すんだ。すると，1人ひとりの声の違いはその「弦」と「気柱」で決まってくる。最近「振り込め詐欺」などの犯罪捜査で，声紋分析が指紋の次の証拠能力として活用されている。詳しく調べれば男女はもちろん身長，年齢まで分析できるというから驚きだ。

● 第3章 ●
まとめ

1 定 常 波
(1) 互いに逆向きに進む2つの波の合成波で，全く進行しない（代表例は，入射波と反射波の合成波）。
(2) 節（振幅0）と腹（振幅$2A$）が交互に並ぶ。
(3) $\frac{1}{2}\lambda$ の長さの「イモ」の形がつながる。

2 音 波
空気という「ばね」の中を伝わる縦波（疎密波）

3 弦・気柱の解法

Step1 定常波の「イモ」の図から波長λを求める

Step2 公式により伝わる波の速さvを求める

① 弦の場合　$v = \sqrt{\dfrac{張力 S}{線密度 \rho}}$

② 気柱の場合　音速$v = 331.5 + 0.6 \times (気温℃)$

　　　　　　　　　　　　　　　　　　　弦・空気のみで決まる

Step3 基本式により振動数fを求める

$$f = \dfrac{v}{\lambda}$$

音源のみで決まる

解法に忠実に解いていけばワンパターンだね。

第4章 うなり

▲わずかに異なる振動数の音を同時に聞くとうなる

Story ① うなりって何？

▶(1) うなりのイメージ

> うなりって，犬とかのガルルル…じゃないですよね。

　それは世間一般の「うなり(声)」だよ！ 物理の「うなり」というのは，波動の現象の一種で，**わずかに異なる振動数の音どうしを同時に聞くときに生じる現象**だ。日常生活の例としては，お寺の鐘の音がゴウァーンウァーンウァーンと揺れて聞こえたり，2台のエレキギターを同時に鳴らすとキューウィンウィンと音がまわって聞こえたりする現象がそうだ。
　まずはカンタンな例で，うなりのイメージをつかんでもらおう。
　A君とB君は，それぞれが一定の時間間隔で，パチパチと手をたたいているとしよう。A君は4秒に1回，B君は3秒に1回として，まずはじめは同時に手をたたく。
　すると**図1**のように，線を引いた時刻が手をたたいた時刻になるね。

64　物理基礎の波動

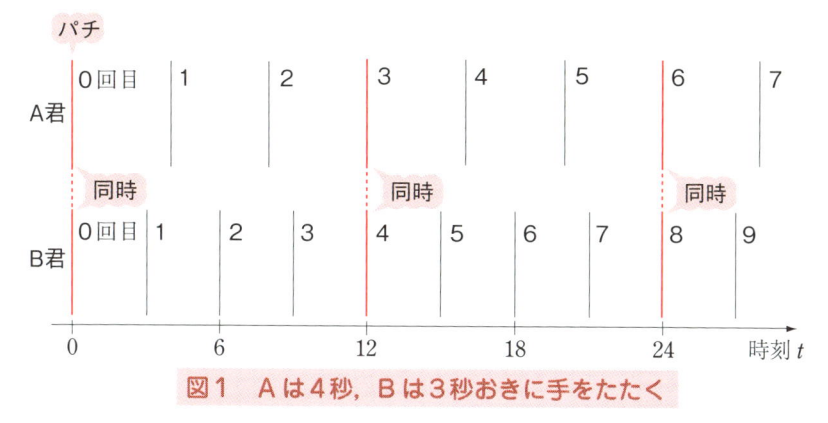

```
        パチ
        0回目  1    2    3    4    5    6    7
  A君
        │同時     │同時         │同時
        0回目 1   2   3   4   5   6   7   8   9
  B君
        0      6       12      18      24     時刻 t
```

図1　Aは4秒，Bは3秒おきに手をたたく

では，2人が同時に手をたたいて大きな「パチ！」が聞こえる時間の間隔はいくらだい？

> 12秒です。$t=12$ で，A君は3回目，B君はA君よりちょうど1回余分にたたいて4回目を同時にたたきます。

そうだね。大切なことは，キミのいった

「ちょうど1回余分にたたいて」

のところなんだ。

つまり，わずかに異なる振動数(周期)で振動している2つの波A，Bは，Bの方がAより「ちょうど1回余分に振動」したところで，再びタイミングが合って合成波が強め合うんだ。これがうなりの本質なんだ。

POINT1　うなりのイメージ

わずかに異なる振動数の波A，Bを合成すると，B（A）がA（B）より「ちょうど余分に1回振動する」時間間隔をもって，2つの波は周期的に強め合う。

第4章　うなり

▶(2) うなりの振動数

(1)で見たように，わずかに異なる振動数の波 A，B を同時に聞くと，B の方が A より「余分に1回振動する」ごとに，再びタイミングが合って合成波が強め合うね。

では，具体的に図2のようにおんさ A，B を用意して実験してみよう。

A は振動数 f_A，B は A よりもわずかに高い振動数 f_B （$>f_A$）をもつおんさとする。

これらのおんさを同時に鳴らして聞いてみよう。

すると，B の方が A より「1回余分に振動する」のにかかる時間ごとに音が強め合って聞こえることになるはずだね。この時間を T 秒としよう。

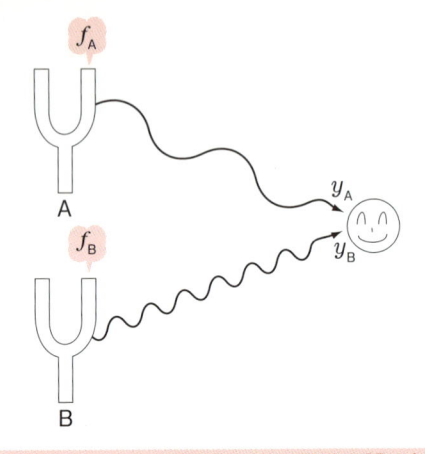

図2　f_A，f_B の振動数の音を同時に聞くと

A から来た波の変位を y_A，B から来た波の変位を y_B として y_A，y_B と合成波 $y_A + y_B$ それぞれの y–t グラフ (p.17) を図3にかいてみよう。

まず T 秒の間に A は何回振動する？

> えーと1秒で f_A 回振動だから，T 秒では $f_A \times T$ 回です。

よし，同様に B は T 秒で $f_B \times T$ 回振動するね。

図3では，$f_A \times T = 5$ 回，$f_B \times T = 6$ 回 としてある。この図3を見ると，波どうしが T 秒おきにタイミングが合って，合成波が強くなっている様子が分かるね。

図3 $f_B T=6$ 回,$f_A T=5$ 回の例

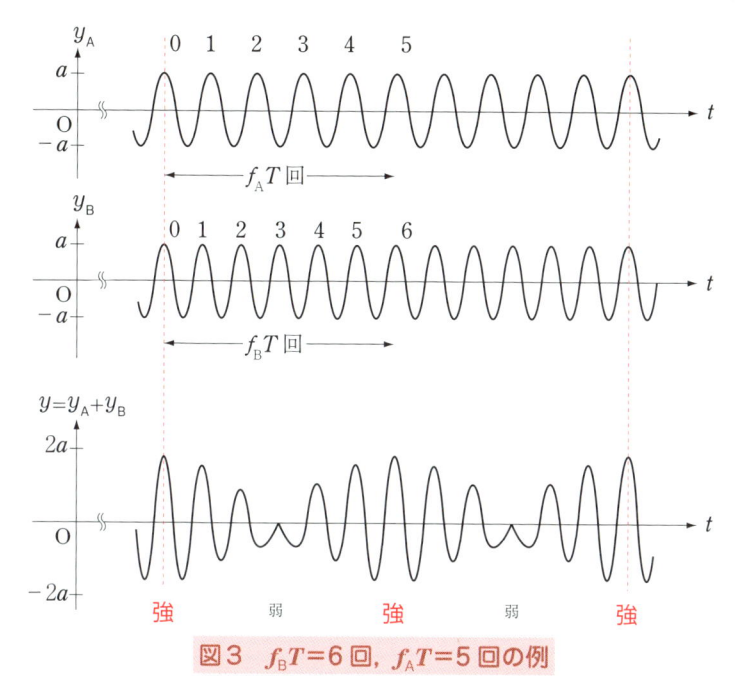

　ここで,**T 秒というのは B が A より「余分に 1 回振動する」時間**だから,

$$\underbrace{f_B \times T 回}_{\text{B の振動回数}} - \underbrace{f_A \times T 回}_{\text{A の振動回数}} = 1 回 \cdots ①$$

①式を T について解くと,

$$T = \frac{1}{f_B - f_A} \cdots ②$$

となるね。これが 1 回うなる,つまり,A と B が強め合ってから次に強め合うまでの時間間隔になるね。これを「**うなりの周期 T**」というんだ。

　ここで,1 秒間あたりに何回うなるか(「**うなりの振動数 f_{AB}**」という)を求めよう。それは 1 秒間の中にうなりの周期 T 秒間が何回入るかを考えればよいので,

第 4 章　うなり

$$f_{AB} = \frac{1 秒間}{T 秒間} \cdots ③$$

となるね。③式に②式を代入すると，

$$f_{AB} = \frac{1}{\frac{1}{f_B - f_A}} = f_B - f_A \cdots ④$$

となる。

> f_A と f_B の差ですか。結果はずいぶんとシンプルですね。

そうなんだ。たとえば，$f_A = 500 \text{Hz}$ と $f_B = 502 \text{Hz}$ の音を同時に聞くと1秒間に，

$$f_{AB} = f_B - f_A = 502 - 500 = 2 回$$

「ウァーンウァーン」と，うなるんだね。

確かに結果はシンプルだけど，大切なのは，もう一度①式のイメージを押さえることだ。そこから，④式にもっていく過程を確認しておこう。

POINT 2　うなりの振動数

わずかに異なる振動数 f_A，f_B の音A，Bを同時に聞くと，1秒間あたりのうなりの回数（強め合って音が「ウァーン」と大きく聞こえる回数）は，

$$f_{AB} = |f_B - f_A|$$

となる。これをうなりの振動数という。

> どうして絶対値をつけているの？

たとえば，$f_A = 502 \text{Hz}$ と $f_B = 500 \text{Hz}$ だったら，うなりの振動数 f_{AB} はいくらだい？

$f_{AB} = f_B - f_A = 500 - 502 = -2$　アレ！　マイナス？

おかしいでしょ。AとBを逆にしても変わらないから $f_{AB} = 2$ だよ。
うなりの回数は必ず正だから，絶対値がついているのだ。

あと1つ疑問なんですが……どうして「わずかに異なる」の「わずか」が必要なの？

いいところに目をつけた。

たとえば，$f_A = 100$Hz，$f_B = 400$Hz だったら，
$$f_{AB} = |f_B - f_A| = 300$$
でしょ。

よくイメージしてごらん。1秒間に300回うなったってそれは実際耳にはうなりとして判別できるかい？　1秒間にせいぜい数回ぐらいのうなりしか私たちには実感できないよね。

チェック問題　うなり　　標準 6分

振動数 f_A, f_B, f_C で振動する3つのおんさ A, B, C がある。$f_A = 100$Hz で，$f_B > f_A$ であることは分かっている。

① AとBを同時に鳴らすと，1秒あたり3回のうなりが聞こえた。
② BとCを同時に鳴らすと1回うなるのにかかる時間は0.5秒であった。
③ AとCを同時に鳴らし測定すると，上図のような y–t グラフが得られた。

以上の①②③から，f_B, f_C を推定せよ。

解説 まず①でうなりの振動数の式より,

$|f_B - f_A| = 3$

いま, $f_A = 100\,\text{Hz}$, $f_B > f_A$ より,

$f_B = 103\,\text{Hz}$ ……**答**

次に, ②から1回うなるのにかかる時間が0.5秒だから, 逆に**1秒あたり**のうなりの回数は,

$$\frac{1\,秒}{0.5\,秒/回} = 2\,回$$

よって, うなりの振動数の式より,

$|f_B - f_C| = 2$

いま, $f_B = 103\,\text{Hz}$ より, $f_C = 101\,\text{Hz}$, $105\,\text{Hz}$ のどちらかだ。

また, ③で与えられたグラフから, 1回うなるのにかかる時間は,

$0.3 - 0.1 = 0.2\,秒$

ということは, **1秒あたり**のうなりの回数は,

$$\frac{1\,秒}{0.2\,秒/回} = 5\,回$$

よって, うなりの振動数の式より,

$|f_A - f_C| = 5$

いま, $f_A = 100\,\text{Hz}$ より,

$f_C = 105\,\text{Hz}$, $95\,\text{Hz}$

ここで, ②③両方とも満たすのは,

$f_C = 105\,\text{Hz}$ ……**答**

となる。

> 公式はシンプルだけど, どうしてそうなるのかの理由が大切だよ。

● 第4章 ●
まとめ

1 うなりの振動数

わずかに異なる振動数 f_A, f_B の音 A, B を同時に聞くと, B (A) の方が A (B) より余分に 1 回振動する時間 T ごとに, 合成波が強め合う現象。

2 公式の導出　$|f_B T - f_A T| = 1$ 回より,

$$T = \frac{1}{|f_B - f_A|}$$

よって, 1 秒あたりの強め合い (うなり) の回数, つまり, うなりの振動数 f は,

$$f = \frac{1 \text{秒間}}{T \text{秒間}} = |f_B - f_A|$$

振動数の差の絶対値

物理の 波 動

- 第5章 波の式のつくり方
- 第6章 ドップラー効果
- 第7章 光の屈折
- 第8章 レンズ
- 第9章 波の干渉
- 第10章 光の干渉(スリット型)
- 第11章 光の干渉(反射型)

第5章 波の式のつくり方

▲揺れは遅れてやってくる

（初学者や苦手な人は飛ばして「第6章」に入ってもいいですよ！）

Story ① まずはこの準備から

▶(1) 波の式は全然ムズカシくない！

トツゼンだけど，図1の y-x グラフを式にしてみて。

> 傾き $\frac{1}{2}$，y 切片 -1 で $y=\frac{1}{2}x-1$ です！どうしてこんな中学生レベルの問題をさせるんですか？

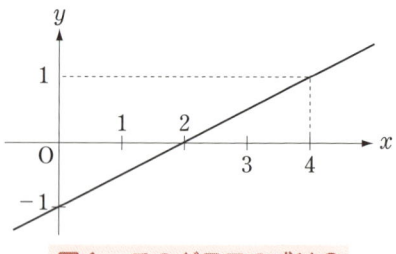

図1　このグラフの式は？

それは，キミたちが波の式を「超ムズカシ～」と思いこんでいるからだよ。波の式をつくるのもこれと大差ないってことなんだ。ちなみに 第1章 でやった，$v=f\lambda$，$T=\frac{1}{f}$ は「波の基本式」だよ。今回は「波の式」といって波の形を式にしたものなんだ。

▶(2) **y-t グラフを式にする**

次は，図2の $x=0$ の点での y-t グラフを式にしてみよう。この y-t グラフは，第1章で見たように，$x=0$ の点の変位の時間変化を表すグラフだね。

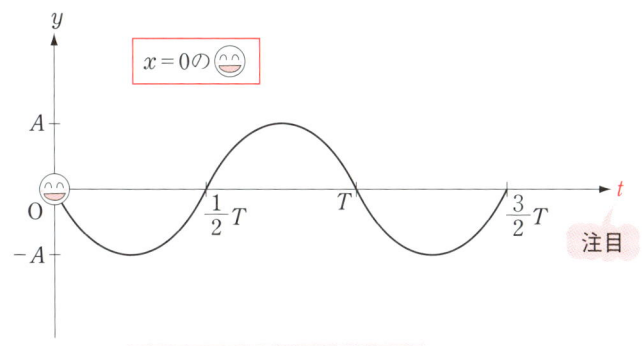

図2　このグラフの式は？

いきなりレベルアップです！　どうしたらいいんですか。

では次の3ステップで誘導に乗って求めてみよう。

Step 1 $y=\pm A\sin\theta$，$\pm A\cos\theta$ の4択をする

図2の y-t グラフは sin 型，それとも cos 型のグラフ？

原点を通っているから sin 型です。

では $+\sin$ 型，それとも $-\sin$ 型？

原点から下がっていくから $-\sin$ 型です。

すると図2の y-t グラフの式は振幅を A として，
$$y = -A\sin\theta \cdots ①$$
と書けるね。θ の具体的な形は，あとから決めていこう。

第5章　波の式のつくり方

以上のように，ほとんどの場合は，$y = \pm A\sin\theta$，$\pm A\cos\theta$ の4択となるよ。

Step 2 θ と t の関係を比で求める

図2を $y = -A\sin\theta$ のグラフと見たとき，
$\theta = 0$，π，2π，3π，……〔rad〕となるのは時刻 t がいつのとき？

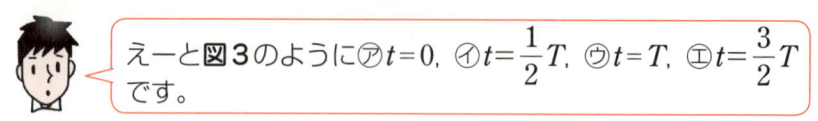

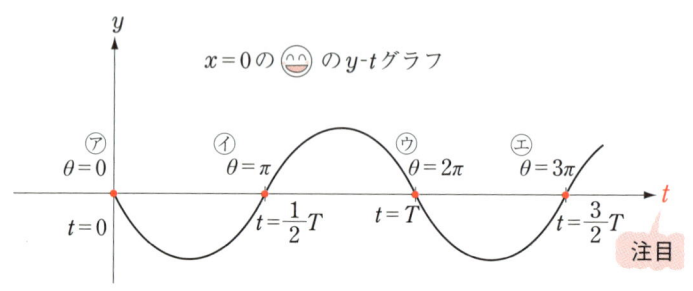

> えーと図3のように㋐ $t=0$，㋑ $t=\dfrac{1}{2}T$，㋒ $t=T$，㋓ $t=\dfrac{3}{2}T$ です。

図3 θ と t の対応

そうだね。すると θ と t の対応関係は，次の表のようになるね。

θ	0	π	2π	3π	4π	………
t	0	$\dfrac{1}{2}T$	T	$\dfrac{3}{2}T$	$2T$	………

θ と t は比例関係にあるけどその比はいつも何対何かな。次の □ の中をうめて？

$\theta : t = 2\pi : \boxed{}$

> えーと，$\theta = \pi$ で $t = \dfrac{1}{2}T$，$\theta = 2\pi$ で $t = T$ ……
> そう T です。

いいぞ。すると，

$$\boxed{\theta : t = 2\pi : T}$$

となるね。
　この式は中学校でやった比例式だから解けるね。
$$\theta \times T = 2\pi \times t$$
$$\therefore \quad \theta = \frac{2\pi}{T}t \cdots ②$$

これで θ が t を使って表せたでしょう。

Step3 　②を①に代入すると，**y-t グラフの式が出る**

②を①に代入すると，
$$y = -A\sin\frac{2\pi}{T}t \cdots ③$$

となって，**図2** の y-t グラフの式が求められたことになるね。

> ホントにステップを踏めばカンタンです！　ではこの③の式が目的の波の式なんですね。

　いいや，違うんだ。③式は，あくまでも $x=0$ の点における振動の時間変化を表したグラフなんだ。$x=0$ という特別な点のみでしか使えないんだ。

　一方，最終的に求めたい波の式は，一般の位置 x での y-t グラフの式なんだ。

　では，この③式をもとにして，一般の位置 x でも通用する波の式をつくっていこう。その前に**数学のおさらい**をしておこう。

▶(3)　平行移動すると，式はどう変わる？

　図4 のように，傾き1で原点を通る $y=t$ のグラフを右へ a だけ平行移動するとその式はどう変わるんだっけ？

図4 a だけ右へずらすと式は？

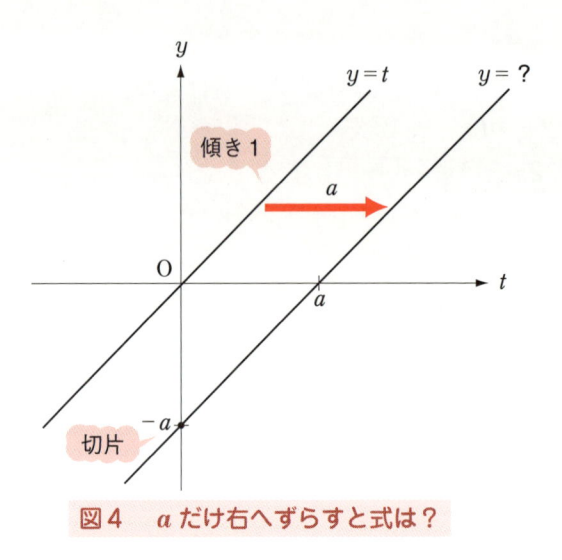

> えーと，傾きは1のままで図4を見ると…お！ y切片が $-a$ になっているから $y=t-a$ ですよ。

OK！ いま元の式の t を $t-a$ へおきかえたね。一般に，

右へ a だけ平行移動 ➡ t を $t-a$ でおきかえる

ことがいえるね。このおきかえ法は**全く覚える必要ない**からね。

> ドーシテ？ 忘れそうです。

だって，いつでも図4をかけば，10秒で思い出せるでしょ。
以上が，波の式をつくるための2つの準備なんだ。

> **POINT1** 波の式をつくるための2つの準備
>
> ① 《y-t グラフを読みとって，式にする3ステップ》
>   **Step1** $y = \pm A\sin\theta$，$\pm A\cos\theta$ の4択をする
>   **Step2** θ と t の比から θ を求める
>   **Step3** 求めた θ を **Step1** に代入する
> ② y-t グラフを平行移動したときのおきかえ
>   いつも図4のように y-t グラフを a だけずらした図をかい
>   て思い出せばよい（右へ a だけずらす $t \to t - a$）

Story ❷ いよいよ波の式のつくり方

▶(1) 地震の揺れは遠いほど遅れてはじまる

図5で，いまA地点で地震が発生した。では，B地点では，何秒後に揺れがはじまるだろう。AとBの距離は100km，地震波の速さは 4km/s とするよ。

> $100 \div 4 = 25$〔秒〕です。

では，C地点では，どうかな？AとCの距離は240kmとするよ。

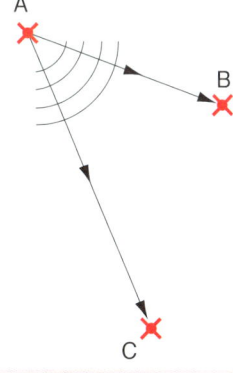

図5 何秒遅れて振動がはじまる？

> $240 \div 4 = 60$〔秒〕です。

そうだね。このように地震の揺れは震源から遠くなるほど遅れてはじまるんだね。この性質を利用したのが緊急地震速報だ。一般に，

> $\dfrac{\text{波源からの距離 }x}{\text{波の速さ }v}$ だけ遅れて振動がはじまる

んだね。

▶(2) 波の式のつくり方

いま，もう一度**図6**にp.75の**図2**をかいてみた。この y-t グラフの式は Story ❶ で求めた③式で，

$$y = -A \sin \dfrac{2\pi}{T} t \quad \cdots ③$$

だったね。ただ，この式は $x=0$ という特別な点での y-t グラフの式だよね。

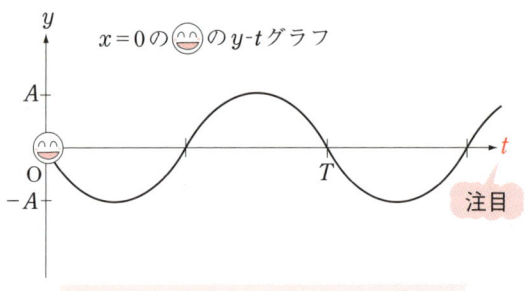

図6　$x=0$ の点における y-t グラフ

これから，一般の位置 x での y-t グラフの式，つまり波の式を求めてみよう。

図7で $x=0$ にいる😄の振動が，位置 x にいる😟まで伝わるには何秒かかるかな？　波形は $+x$ 方向に速さ v で伝わるとしよう。

> **図7**のように，距離 x〔m〕を速さ v〔m/s〕で伝わるので $\dfrac{x}{v}$ 秒かかります。

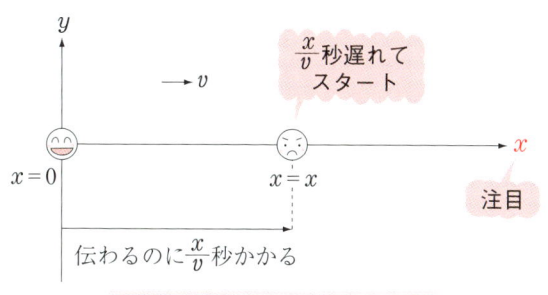

図7 伝わるのにかかる時間

つまり，位置 x の😟では $x=0$ の😊と同じ振動が $\dfrac{x}{v}$ 秒だけ遅れてはじまるんだね。すると，$x=x$ の点の $y\text{-}t$ グラフは，どんな形になるかい？

> 図8のように，時刻 $t_1=\dfrac{x}{v}$ から $x=0$ の😊と同じ $-\sin$ 型の振動がはじまります。

これは，図6の $x=0$ の点の $y\text{-}t$ グラフを右へ $t_1=\dfrac{x}{v}$ 秒だけ平行移動したものになるね。

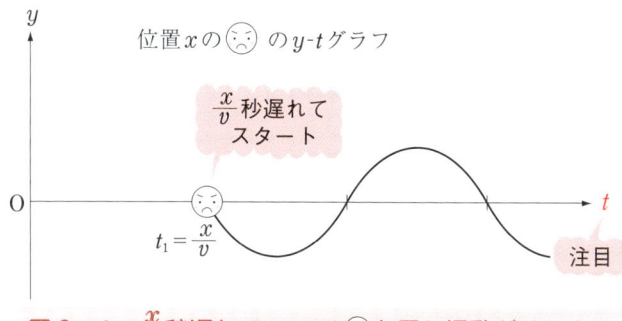

図8 $t_1=\dfrac{x}{v}$ 秒遅れて $x=0$ の😊と同じ振動がはじまる

さて，いよいよ，この図8の位置 x の点の $y\text{-}t$ グラフの式を求めよう。この式こそが最終的に求めたい一般の位置 x での波の式となるんだ。

第5章 波の式のつくり方

ところで，y-t グラフを右へ $\dfrac{x}{v}$ だけ平行移動したあとの式を求めるには，元の式 $y = -A\sin\dfrac{2\pi}{T}t$ で t をどうおきかえればよかったんだっけ？

> a だけ右へずらすと，$t \to (t-a)$ となるんだったから，$\dfrac{x}{v}$ だけ右へずらすと，t を $\left(t-\dfrac{x}{v}\right)$ におきかえます。

いいぞ！　その通りだ。③式で $t \to \left(t-\dfrac{x}{v}\right)$ として，
$$y = -A\sin\dfrac{2\pi}{T}\left(t-\dfrac{x}{v}\right)$$

これが，一般の位置 x で，一般の時刻 t での波の変位を表す最終的に求めたい波の式だ。さらに，$v = f\lambda = \dfrac{1}{T}\lambda$，つまり，$vT = \lambda$ を代入すると，
$$y = -A\sin 2\pi\left(\dfrac{t}{T} - \dfrac{x}{\lambda}\right)$$

と書くこともできる。これで完成だ！
以上の波の式のつくり方をもう一度まとめておこう。

POINT 2　《波の式のつくり方の手順》

手順1　$x=0$ の点の y-t グラフの式をつくる
　　　　　（POINT 1 の《y-t グラフを読みとって，式にする3ステップ》を使う）

手順2　$x=0$ の点から $x=x$ の点まで振動が伝わるのに要する時間 t_1 を求める　$\left(t_1 = \dfrac{距離}{速さ}\right)$

手順3　**手順1** で求めた式で $t \to (t-t_1)$ とおきかえる

チェック問題　波の式のつくり方　標準 12分

次のグラフで表される波の式を求めよ。

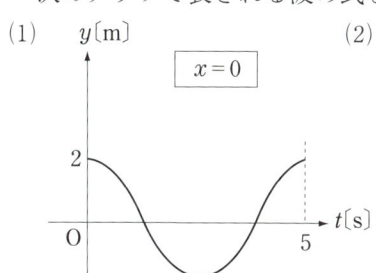

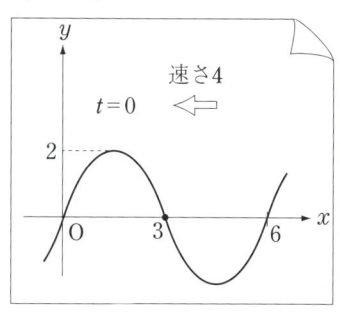

(1) y[m], $x=0$ のグラフ, 波形は $+x$ 方向へ速さ 3 m/s で伝わる

(2) 速さ 4, $t=0$

解説　《波の式のつくり方の手順》に入ろう。

(1) **手順1** の《y-t グラフを読みとって, 式にする3ステップ》で,

Step1　与えられた式は振幅2の $+\cos$ 型 をしているので,

$$y = 2\cos\theta \cdots ①$$

とおく。

Step2　図a でいつも θ と t の間には

$$\theta : t = 2\pi : 5$$

$$\therefore \quad \theta = \frac{2\pi}{5} t \cdots ②$$

の関係があるね。

Step3　②を①に代入して,

$$y = 2\cos\frac{2\pi}{5} t \cdots ③$$

となる。

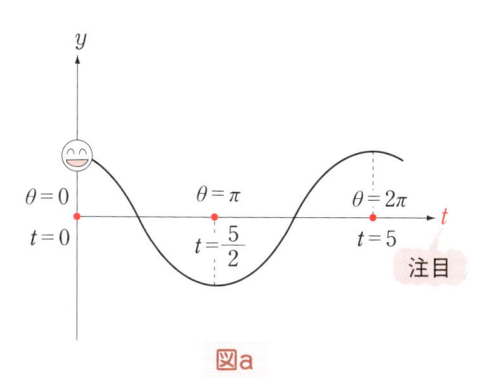

図a: $\theta=0$ ($t=0$), $\theta=\pi$ ($t=\frac{5}{2}$), $\theta=2\pi$ ($t=5$)　注目

次に，手順2 で図b のように一般の位置 x の点まで振動が伝わるのにかかる時間 t_1 は，

$$t_1 = \frac{x}{3} \text{〔秒〕} \cdots ④$$

となる。

伝わるのに $t_1 = \frac{x}{3}$〔秒〕かかる

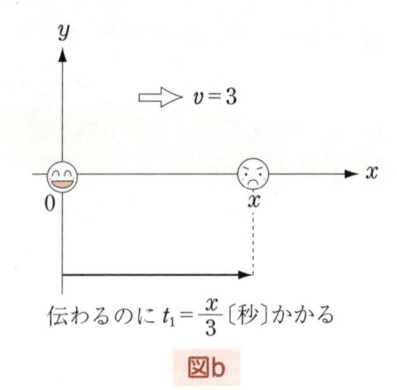

図b

最後に手順3 で $x=x$ の点の y-t グラフは図c のようになる。このグラフは，図a を右へ $t_1 = \frac{x}{3}$ だけ平行移動したものだね。

このグラフの式は③式で t を $(t-t_1)$ におきかえたものになるから，

$$y = 2\cos\frac{2\pi}{5}(t-t_1)$$

$$= 2\cos\frac{2\pi}{5}\left(t-\frac{x}{3}\right) \quad (\because \ ④)$$

$$= 2\cos 2\pi\left(\frac{t}{5} - \frac{x}{15}\right) \cdots\cdots \text{答}$$

$x=x$ の の y-t グラフ

スタート

$t_1 = \frac{x}{3}$

注目

図c

> 今さら聞くのもなんですが，波の式を求めて何の役に立つんですか？

この波の式さえ分かってしまえば，好きな時刻 t，座標 x を代入すると，そのときのその点の変位 y が出るんだ。

たとえば，本問で $t=5$ での $x=5$ の点の変位は，

$$y = 2\cos 2\pi\left(\frac{5}{5} - \frac{5}{15}\right)$$

物理の波動

$$= 2\cos\left(2\pi \times \frac{2}{3}\right) = 2\cos\frac{4}{3}\pi$$
$$= 2 \times \left(-\frac{1}{2}\right)$$
$$= -1$$

となるんだね。

> いったん求めてしまえば，とても便利な式なんですね。

(2)

> あれ！ 与えられているのは y-t グラフじゃなくて，y-x グラフの方だよ。どうしたらいいの？

　与えられた y-x グラフから「$x=0$ の点の y-t グラフ」をつくればいいんだよ。第1章(p.19)でもやったでしょ。

　図dのように $t=0$ と $t=\Delta t$ の「写真」を2枚重ねると，$x=0$ の点は $t=0$ で $y=0$，$t=\Delta t$ で $y>0$ へ上がっていることが分かるね。

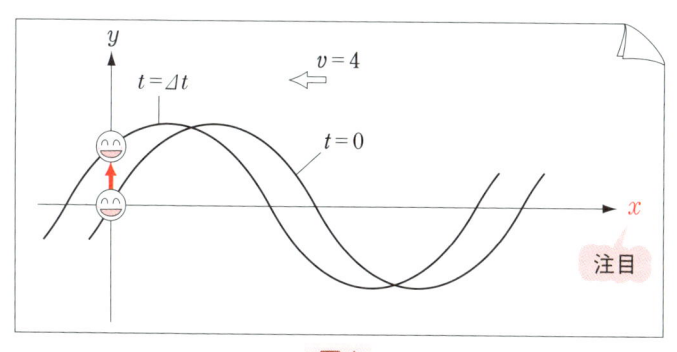

図d

　すると $x=0$ の y-t グラフは，波の基本式より，周期が $T = \dfrac{1}{f} = \dfrac{\lambda}{v} = \dfrac{6}{4} = \dfrac{3}{2}$ 〔s〕なので図eのようにかけるよ。これで，(1)と同じように3つの手順で考えられるね。

第5章　波の式のつくり方

|手順1| $x=0$ の y-t グラフの式を求める

Step 1 図e の y-t グラフの形は振幅2の $+\sin$ 型となっているので，

$$y = 2\sin\theta \cdots ⑤$$

とおく。

Step 2 θ と t の比は図f より，

$$\theta : t = 2\pi : \frac{3}{2}$$

$$\therefore \quad \theta = \frac{4}{3}\pi t \cdots ⑥$$

Step 3 ⑥を⑤に代入して，

$$y = 2\sin\frac{4}{3}\pi t \cdots ⑦$$

となる。

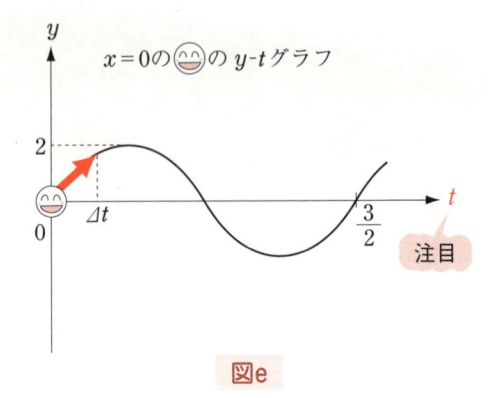

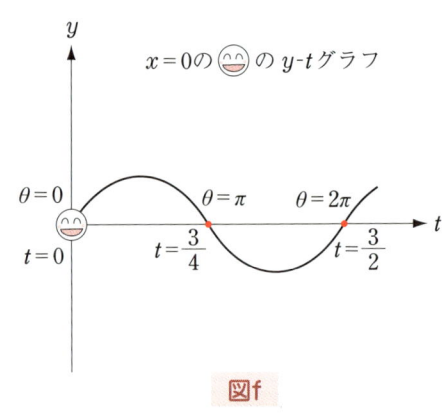

図e

図f

|手順2| $x=0$ の点から $x=x$ の点まで振動が伝わる時間を求める。

図g のように，$x=0$ から波形は負の向きに進むことに注意しよう。

すると，$x=0$ の点の振動がこれから伝わっていく点は $x<0$ となる点 P となるね。では，原点 O から点 P まで振動が伝わる時間 t_1 を求めてみて。

図g

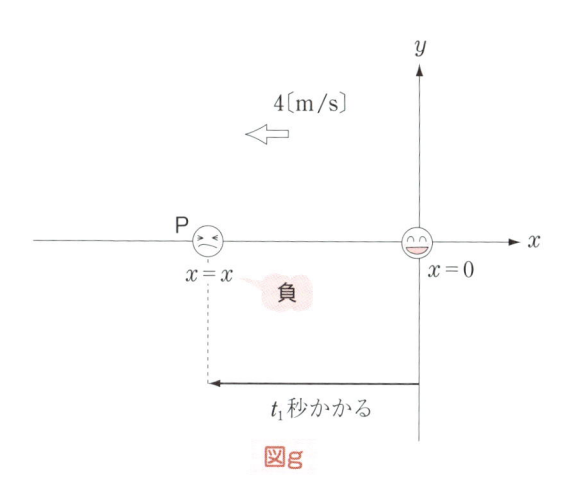

> $x=0$ から $x=x$ の点 P まで速さ 4 で伝わるから $t_1=\dfrac{x}{4}$ です。

ブブー！ 引っかかったね。

いいかい。いま $x<0$，つまり，**x は -2 とか -5 とかの負の座標**だよ。つまり，$x=0$ から $x=x$ までの距離は $|x|=-x$ となるんだよ。距離は絶対に正だからね。

> すると……，$t_1=\dfrac{|x|}{4}=\dfrac{-x}{4}$ です。

そうだ。x が負の座標であることに注意しよう。$t_1=\dfrac{-x}{4}$ …⑧のようにマイナスを忘れないこと。

|手順3| 位置 x での y-t グラフは，図hのようになるね。

> え〜どうして，図hは，図fのグラフを右へずらしているんですか。
> 波形は左へ動くんだから，左へずらすんじゃないの。

第5章 波の式のつくり方

アチャー！ 図hの横軸は何？ 時刻 t でしょ。**波形が右へ動こうが左へ動こうが，t_1 秒遅れてはじまるということは横軸 t のグラフでは右へずれることになるよ。**時間が遅れるんだから。

図hのグラフの式は，
⑦式で $t \Rightarrow (t-t_1)$ として，

$$y = 2\sin\frac{4}{3}\pi(t-t_1)$$
$$= 2\sin\frac{4}{3}\pi\left\{t-\left(-\frac{x}{4}\right)\right\}$$
$$= 2\sin\left(\frac{4}{3}\pi t + \frac{\pi}{3}x\right) \cdots\cdots 答$$

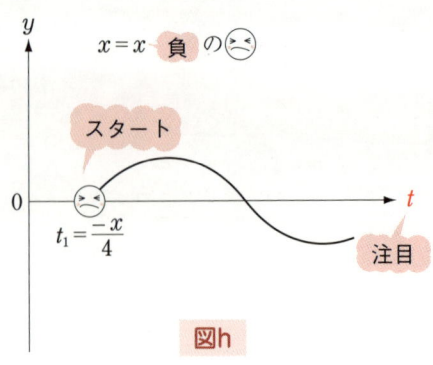

となるよ。これで y-x グラフが与えられても，波の式が自由自在に求まるね♥

図h ($x=x$ 負 の 😖, スタート, $t_1 = \dfrac{-x}{4}$, 注目)

この章は数式ばかりだけど，「振動は遅れてはじまる」というイメージが大切だよ。

● 第5章 ●
ま と め

1 y-t グラフを式にする3ステップ
- **Step 1** $y = \pm A\sin\theta$, $\pm A\cos\theta$ の4択
- **Step 2** θ と t の比を考え，θ を t で表す
- **Step 3** y を t の関数で表す

2 波の式のつくり方の手順

手順1 $x=0$ の点の y-t グラフを式にする。
1 の3ステップを用いる。

手順2 $x=0$ の点から $x=x$ の点まで波が伝わるのにかかる時間 t_1 を求める。

$$t_1 = \frac{距離\,|x|}{速さ\,v}$$

(注 波形が負の向きに伝わるときは，x そのものも負になるので注意)

手順3 $x=x$ の点の y-t グラフを式（波の式）にする。
$x=0$ の点の y-t グラフを右へ t_1 だけ平行移動するので，その式は **手順1** の式で $t \to (t - t_1)$ としたものになる。

第5章 波の式のつくり方

第6章 ドップラー効果

▲ドップラー効果の原因は2つのみ

Story 1 ドップラー効果の基本

▶(1) ドップラー効果って何？

　僕らが日常生活の中で体験する代表的なドップラー効果の例を2つ考えてみよう。

　1つ目の例は，近づいてくる救急車が出した振動数，たとえば500Hzの「ピーポー」の音が，観測者には「ピィポォ，ピィポォ」と，実際より高い510Hzに聞こえたり，逆に，遠ざかる救急車のときは，「ペーポー，ペーポー」と，実際より低い490Hzに聞こえたりする現象だ。

　2つ目の例は，「カン，カン」と鳴る踏切に電車が近づくとき，乗客には踏切の警笛音が「キン，キン」と高く聞こえ，逆に電車が遠ざかるとき，「コン，コン」と低く聞こえる現象だ。

　以上のように，ドップラー効果とはいずれにしても，観測者の聞く振動数 f が変化してしまう現象なんだね。

▶(2) ドップラー効果を理解するための４つのポイント

① 音源がいくら動いても音速は変わらない

　図１のように，100の速さで走る車の上から，前方に50の速さでボールを投げよう。このボールを大地に立っている人から見ると，いくらの速さに見える？

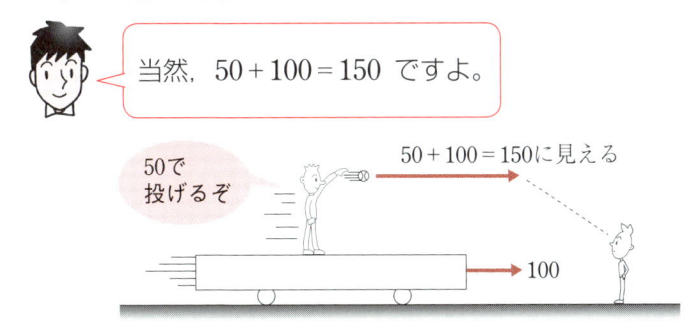

　当然，50 + 100 = 150 ですよ。

50で投げるぞ

50 + 100 = 150に見える

100

図１　車の上からボールを投げると

　まさにその通り！

　では，今度は図２のように，車の上に音源（おんさ）を乗せるとしよう。この音源からは，車が止まっているときに速さ340で音波が進むとするね。では，車が速さ100で走るときには，大地から見て，音は前方にいくらの速さで進むかな？

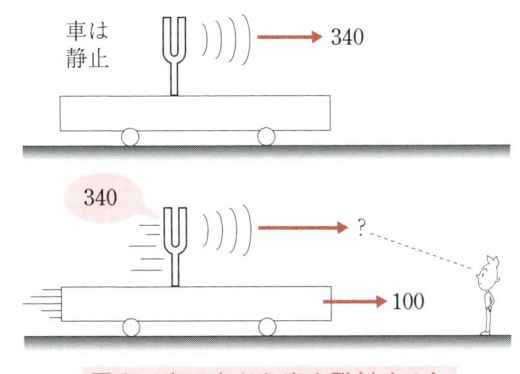

車は静止　　　340

340　　　？

100

図２　車の上から音を発射すると

第６章　ドップラー効果

今回も，もちろん，340 + 100 = 440 ですね。

ブブ〜ッ！　引っかかったね。じつは340のまま変わらないんだ。

え〜！　車が100で走っているのになんで100足されないの？

それは次の理由なんだ。音は何が伝える？　そう，p.48で見たように空気だね。この空気の性質だけで，音速は決まるんだったね。じゃあ，もし車が速さ100で走ったら，まわりの大気まで車といっしょになって速さ100で動くかい？　動いたらコワイでしょ。暴風が吹きまくるね。

そう，<u>大気は静止したまま</u>だね。いったん発射された音は，音源とは全く関係なく，その静止した大気の中を伝わるんだ。よって，音速は340のままなんだ。

車が動いても大気は静止したまま

いったん発射された音は,その静止した大気の中を伝わるだけなので

340のままに見える

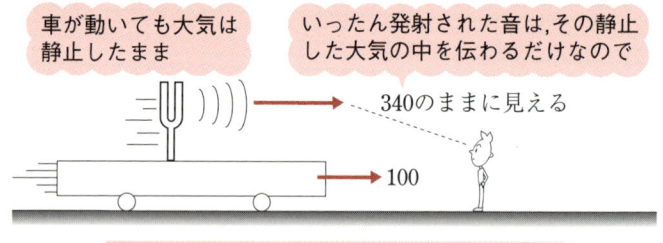

100

図3　音速は音源の動きに関係なく一定

② 振動数 f〔Hz〕の音源は，その動きに関係なく，1秒間に f 個の音波を外に出す

たとえば，500Hzのおんさはどう振り回そうが，1秒間に500回振動して（1波長を1個と数えると），1秒間に必ず500個の音波を外に出すのだ。

③ 観測者が動いても，波長の圧縮や引き伸ばしはできない

図4のように，右へ進む音波を左へ走りながら観測しても，観測者は空気を押しつぶしたり，引き伸ばしすることはできない（キミが走ったら暴風が吹きまくった！　なんてことはないでしょ）。

観測者は，ただ単に音波を拾っていくのみの存在なんだ。

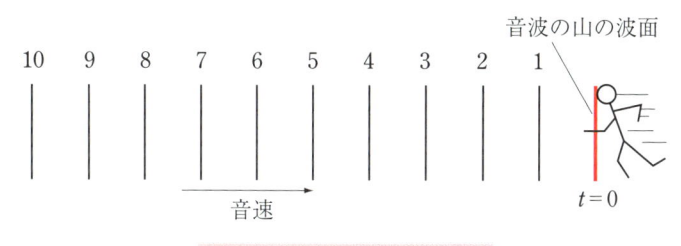

音波の山の波面

音速

図4　音の聞こえはじめ

④　**1秒間にf'個の音波が観測者を通過するとき，観測者には振動数f'〔Hz〕の音として聞こえる**

図5のように，音波が右へ動き，観測者が左へ動くとき，1秒間に10個の音波が観測者を通過すると，観測者には10Hzの音波として聞こえるんだ。

10Hz

図5　図4の1秒後

POINT 1　ドップラー効果を理解するための4ポイント

①　音源がいくら動いても音速は変わらない。
②　振動数fの音源は，どんなに動いても，1秒間にf個の音波を出す。
③　観測者がいくら動いても，波長の圧縮や引き伸ばしはできない。
④　観測者にとって，1秒間に通過する波の数が，観測者の聞く振動数f'となる。

第6章　ドップラー効果

Story ❷ ドップラー効果の原因は2つしかない

▶(1) すべては波の基本式から

Story ❶ (p.90)で見たように，ドップラー効果というのは，**観測者の聞く振動数 f が変化してしまう現象**だったね。では，なぜ，観測者の聞く振動数 f が変化してしまうんだろうか？ それは，おなじみの波の基本式 $f = \dfrac{v}{\lambda}$ を日本語に直してみると分かるんだ。

$$
（観測者の聞く振動数\ f）= \frac{（観測者の見る音速\ v）}{（波長\ \lambda）} \quad \cdots ★
$$

分子 / 分母

▶(2) ドップラー効果の1つ目の原因

もし，★の式の 分母 の（波長 λ）が2倍，3倍，……となると，（観測者の聞く振動数 f）は何倍となる？

> え～と，分母 が2倍，3倍，……だから逆に，（観測者の聞く振動数 f）は $\dfrac{1}{2}$ 倍，$\dfrac{1}{3}$ 倍，……となります。

その通り。よって，一般に，

> （波長 λ）が x 倍になると
> （観測者の聞く振動数 f）は $\dfrac{1}{x}$ 倍になる

これを《ドップラー効果の原因1》とよぼう。

> （波長 λ）が変化するのは具体的にどういう場面ですか？

　それは，**動く音源から音が発射されるとき**だ。たとえば，走っている救急車の前方から出てくる音波は「ギュッ！」と圧縮されて（**波長 λ**）は小さくなるんだ。逆に，後ろから出る音波は引き伸ばされる。
　ここで気をつけたいことは，p.92の③で注意したように，観測者が音に向かってつっこんでも，波長は決して圧縮されることはない。あくまでも動く音源のみによって，波長は変化するぞ。

▶(3)　ドップラー効果の2つ目の原因

　次に，左の★の式で　**分子**　の（**観測者の見る音速 v**）が2倍，3倍，……となると，（**観測者の聞く振動数 f**）は何倍となる？

> こんどは　**分子**　が2倍，3倍，……だから（**観測者の聞く振動数 f**）もそのまま2倍，3倍，……となっていきます。

そうだ。よって，一般に，

> （観測者の見る音速 v）が y 倍になると
> 　　　　　　（観測者の聞く振動数 f）も y 倍になる

これを《ドップラー効果の原因2》とよぼう。

> （観測者の見る音速 v）はいつ変化するんですか？

　それは，**動く観測者が音を受けとるとき**だ。
　たとえば，観測者が音に向かって突っ込みながら，その音を聞くと，まるで対向車が「ビュン！」と速く見えるように，音速もより速く見えてしまうんだ。逆に，観測者が音から逃げながら，その音を聞くと，音速は見かけ上，より遅く見えてしまうんだ。

第6章　ドップラー効果

POINT 2 ドップラー効果の2つの原因

《ドップラー効果の原因1》
　動く音源から音が発射されるときに，

　（波長 λ）が x 倍になると（振動数 f）は $\dfrac{1}{x}$ 倍になる。
　　　　　　　分母

《ドップラー効果の原因2》
　動く観測者が音を受けとるときに，
　　　　　　　　　　　　　　　分子
　（観測者の見る音速 v）が y 倍になると（振動数 f）も y 倍になる。

Story 3　ドップラー効果の公式はどうやって導くのか？

Story 2 で見たドップラー効果の2つの原因によって，新しい振動数は，具体的にどのように決まってくるのかを考えよう。

▶(1)　（波長）の変化
　……動く音源から音が発射されるときに起こる（音速を c〔m/s〕とする）。

　図6(i)のように，音源が静止している。時刻 $t=0$ からの1秒間に発射された f 個の波は，音速と同じ c〔m〕の長さの中に入っているね。

　次に，図6(ii)のように，時刻 $t=0$ で音を鳴らすと同時に，音源を右へ速さ v〔m/s〕で動かす。このときは，次の2つに注意しよう。

注1　たとえ音源をいくら速く動かしても，発射された音の音速は速くはならないので，$t=1$ 秒後の音の先端★は，図6(i)と同じところまでしか進めない（p.91の①）。

注2　音源が止まっていようとも，動こうとも，1秒間に必ず f 個の音波が出てくる（p.92の②）。

　よって，図6(ii)のように，1秒間に発射された同じ f 個の波は今回は $c-v$〔m〕の長さの中に圧縮されて入っている。
　もともと c〔m〕の長さに入っていた波が $c-v$〔m〕の長さに圧縮され

たので，(波長)はもとの波に比べ $\dfrac{c-v}{c}$ 倍に圧縮されているよね。

よって，《ドップラー効果の原因1》(p.94)で，$x = \dfrac{c-v}{c}$ となり，新しい振動数は，

$$f_1 = \dfrac{1}{x} \times f = \boxed{\dfrac{c}{c-v} \times f}$$

となるね。

一方，図6(iii)のように，音源が左へ速さ v〔m/s〕で動くときは，1秒間に発射された f 個の波は，$c+v$〔m〕の長さの中に引き伸ばされて入っている。よって，(波長)はもとの波に比べ $\dfrac{c+v}{c}$ 倍に引き伸ばされているよね。

よって，《ドップラー効果の原因1》で $x = \dfrac{c+v}{c}$ となり，新しい振動数は，

$$f_2 = \dfrac{1}{x} \times f = \boxed{\dfrac{c}{c+v} \times f}$$

となるね。

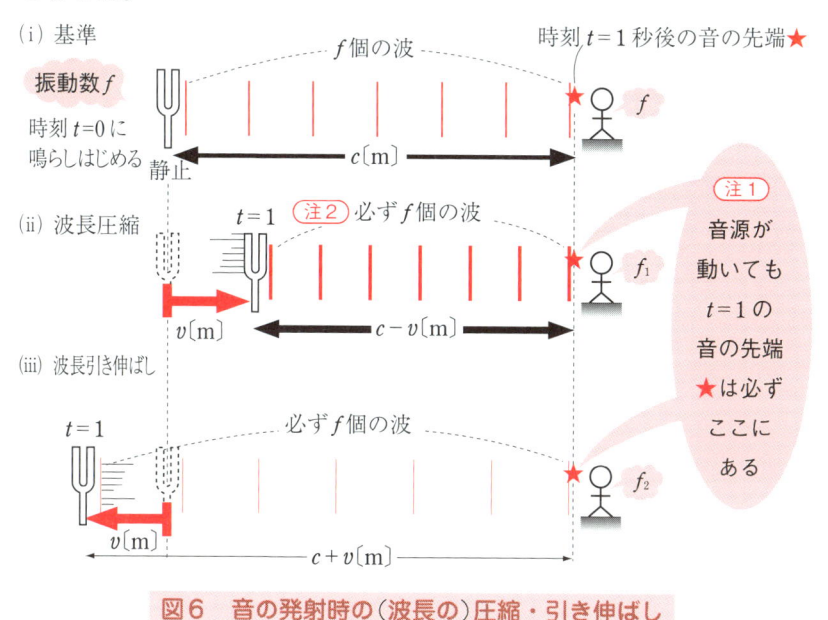

(i) 基準
振動数 f
時刻 $t=0$ に鳴らしはじめる
静止
f 個の波
c〔m〕
時刻 $t=1$ 秒後の音の先端★
f

(ii) 波長圧縮
$t=1$
注2 必ず f 個の波
v〔m〕
$c-v$〔m〕
f_1

(iii) 波長引き伸ばし
$t=1$
必ず f 個の波
v〔m〕
$c+v$〔m〕
f_2

注1 音源が動いても $t=1$ の音の先端★は必ずここにある

図6 音の発射時の(波長の)圧縮・引き伸ばし

第6章 ドップラー効果

▶(2) （観測者の見る音速）の変化
　　……動く観測者が音を受けとるときに起こる（媒質（大気）に対する音速を c〔m/s〕とする）。

　図7(i)のように，もし観測者が静止して音を受けとれば，音速は c〔m/s〕に見える。

　しかし，図7(ii)のように，観測者が音に向かって，速さ u〔m/s〕でつっこみながら音を受けとるときは，観測者にとって，音速は $c+u$〔m/s〕に見える。

　つまり，静止しているときに比べて，（観測者の見る音速）は $\dfrac{c+u}{c}$ 倍に（速く）見えるんだ。

　よって，《ドップラー効果の原因2》(p.95)で，$y = \dfrac{c+u}{c}$ となり，新しい振動数は，

$$f_3 = y \times f = \boxed{\dfrac{c+u}{c} \times f}$$

となるね。

　ここで注意点は，「たとえ観測者が音に向かってつっこんでも，波長を圧縮することはできない(p.92の③)」ということだ。だからこの場合は，純粋に音速だけが変化して見えるだけだ。

　一方，図7(iii)のように，観測者が音から速さ u〔m/s〕で逃げながら音を受けとるときは，観測者にとって音速は $c-u$〔m/s〕に見えるよね。

　つまり，静止しているときに比べて，（観測者の見る音速）は $\dfrac{c-u}{c}$ 倍に（遅く）見えるんだ。

　よって，《ドップラー効果の原因2》で $y = \dfrac{c-u}{c}$ となり，新しい振動数は，

$$f_4 = y \times f = \boxed{\dfrac{c-u}{c} \times f}$$

となるね。

(ⅰ) 基準　振動数 f　　大気に対する音速 c　　静止　f

音速 c に見える

(ⅱ) 音速　速く見える　f　　c　　速さ u　f_3

注 波長の圧縮・引き伸ばしはされない

音速 $c+u$ に見える

(ⅲ) 音速　遅く見える　f　　c　　速さ u　f_4

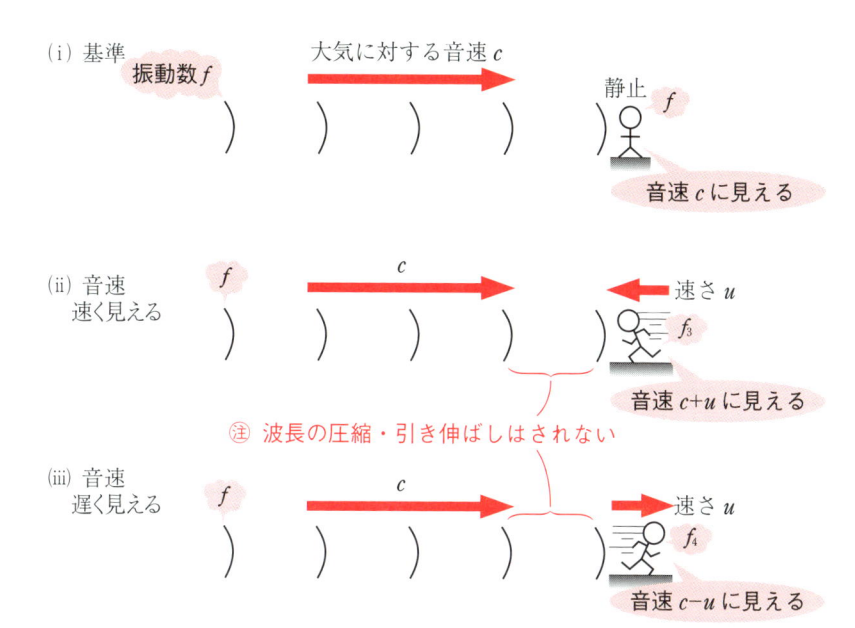

音速 $c-u$ に見える

図7　音の受けとり時の（観測者の見る音速の）変化

ドップラー効果では，式を導く過程が大切だよ。

第6章　ドップラー効果

▶(3) ドップラー効果の式はどうやって立てるか？

以上で，ドップラー効果の公式を導けたら，次はその使い方をマスターしよう。大切なのは音源と観測者のところで何が起こっているか（例 音源によって波長が「ギュッ！」と圧縮されている！ 観測者のところで音速が見かけ上「ビュン！」と速く見えているぞ！）を見きわめることなんだ。その現象をつかみさえすれば，次の方法で，式をスイスイ立てることができるよ。

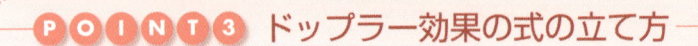

POINT3 ドップラー効果の式の立て方

まず 波の基本式 $f = \dfrac{v}{\lambda}$ を思い出し，

（波長λ）は 分母 ，（音速v）は 分子 と覚えておく。

そして ㋐音の発射点と㋑音の受けとり点に注目して

現象どおりに式を立てるだけ。

音源（速さv） 　　　観測者（速さu）

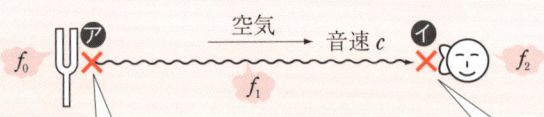

空気 音速c
f_0 ㋐ f_1 ㋑ f_2

㋐ 音の発射点

波長圧縮
（分母 小さく）　$f_1 = \dfrac{c}{c-v} f_0$

波長引き伸ばし
（分母 大きく）　$f_1 = \dfrac{c}{c+v} f_0$

㋑ 音の受けとり点

音速は速く見える
（分子 大きく）　$f_2 = \dfrac{c+u}{c} f_1$

音速は遅く見える
（分子 小さく）　$f_2 = \dfrac{c-u}{c} f_1$

覚え方
- 分母 小さく ⇒ 分母からvを引く，$c-v$の形にする
- 分子 大きく ⇒ 分子にuをたす，$c+u$の形にする

チェック問題 ①　ドップラー効果の式の立て方　易　5分

図のように音源，観測者が動いている。
(1) 伝わる音波の波長 λ_1 を求めよ。
(2) 観測者が聞く音の振動数 f_2 を求めよ。

振動数 f　　音速 c

解説　(1)

> 波長!?　おきてやぶりですよ。ドップラー効果なのにどうして振動数じゃなくて波長を問うの？

へへへ！　そうくると思ったよ。みんなドップラー効果の問題で波長 λ を問うとあたふたしてしまうんだよね〜♪　じゃあ，波長 λ_1 はあとまわしにして(2)から解こう！

> え〜そんなことしていいの？

別にかまわないよ。要は完答すればいいんでしょ。**波長は，あとまわしあとまわし。**

(2) まず振動数を先に出そう。**図a**のように，ドップラー効果の起こる点となる
㋐「動く音源の音の発射点」と
㋑「動く観測者の音の受けとり点」
に✗印をつけ，新しい振動数を仮定しよう。

図aでつけた✗印それぞれについて《ドップラー効果の式の立て方》によって新しい振動数を求めていこう。

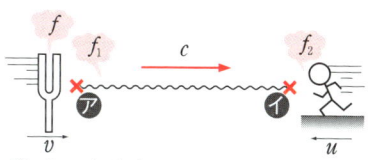

㋐ 音の出発点　$f \longrightarrow f_1$
㋑ 音の受けとり点　$f_1 \longrightarrow f_2$

図a

第6章　ドップラー効果　101

㋐の点では何が起こっている？

㋐では音源が右側の波長を「ギュッ！」と圧縮しています。

いいぞ！　ではその現象通りに式を立てると，

㋐ 波長圧縮
（分母小さく）　　　$f_1 = \dfrac{c}{c-v} \times f \cdots ①$

だね。いま（分母小さく）だから分母から v を引いたよ。
では㋑の点では何が起こっている？

㋑では観測者がつっこんでるから，波長が「ギュッ！」と……

ちょっと待った〜！　もう原則を忘れたのか！　いいかい。p.92で見たように，観測者は音を拾うだけの受け身の存在で，波長の圧縮や引き伸ばしは，一切できない。よくやる間違いだよ！

㋑では あ！ 音速は速く見えます！ だから（分子大きく）で $f_2 = \dfrac{c+u}{c} \times f$ です

ブブー！　やっぱりまちがえたか！　いいかい，もう㋐の段階ですでに振動数は f から f_1 へ変わっているんだよ。だから，㋑では，その f_1 がさらに f_2 に変わるんだから，

$$f_2 = \dfrac{c+u}{c} \times f_1 \cdots ②$$

となるんだ。
①，②より，

$$f_2 = \dfrac{c+u}{c} \times \dfrac{c}{c-v} \times f$$

$$= \dfrac{c+u}{c-v} f \cdots\cdots \boxed{答}$$

となる。上の2つの落とし穴に十分に注意してね。

さあ，ここで(1)に戻ろう。
(1) いま，(2)で f_1, f_2 をすでに求めたので，図bの状態になっているね。ここで空気中を伝わる音の，速さ c，振動数 f_1 を求めてあるから

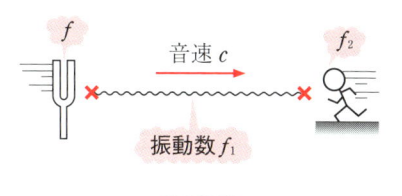

図b

> あ！ 4大基本量のうち「2つget！」してますね(p.15)。

よーく気づいた。だから，あとは波の基本式によって求める波長 λ_1 は，

$$\lambda_1 = \frac{c}{f_1}$$

ここで，①を代入して，

$$\lambda_1 = \frac{c}{\dfrac{c}{c-v}f} = \frac{c-v}{f} \cdots\cdots \text{答}$$

となる。

> なぁんだ。振動数を先に求めてしまえば，波の基本式から，波長は一瞬で出るんですね！

そういうこと。だからこの問題のように，(1)で波長を問われても，あわてずにドップラー効果の式で，すべての振動数を出しておくことが大切なんだ。

POINT 4 ドップラー効果で波長を問われたら

波長は，すべての振動数を求めたあとに，

$$\text{波の基本式} \quad \lambda = \frac{v}{f}$$

から求める。

チェック問題 ❷　壁・風のもとでのドップラー効果　標準 12分

図でRは反射板，Oは観測者，Sは振動数f_0の音源である。音速をcとして，次の(1)(2)の場合にOが観測する直接音と反射音の振動数を求めよ。

(1) Rが右へV，Sが右へv，Oが右へuの速さで動くとき。

(2) Rが静止し，Sが右へv，Oが右へuの速さで動き，風速wの風が右へ吹くとき。

(3) (1)のとき，観測者は周期的に音が大きくなったり小さくなったりを，くり返し聞いた。その周期を求めよ。

解説 (1)

> うあ！　壁が動いている～！　どう見たらいいの？

「壁で音が反射する」とひと言でいうけれど，そこで起こる現象は2段階に分けられるよね。

　まず，① 壁が音を受けとる（**壁は観測者の役目**）
　次に，② 壁は音をはね返す（**壁は音源の役目**）

（壁は1人2役だ！）

あとは《ドップラー効果の式の立て方》(p.100)に入るのみ。

図aのように，音波が発射され，伝わり，そして受けとられる過程をかく。ここで，動く反射板は，まず，
①音を受けとる観測者
次に，
②受けとった振動数と同じ振
　動数の音源
とみなすのがコツ。

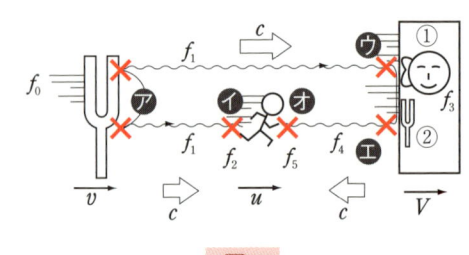

図a

物理の波動

ドップラー効果の原因となるのは，図のア～オ

ア 波長圧縮　　　　$f_1 = \dfrac{c}{c-v} f_0$
（分母 小さく）

イ 音速は遅く見える　$f_2 = \dfrac{c-u}{c} f_1$
（分子 小さく）

ウ 音速は遅く見える　$f_3 = \dfrac{c-V}{c} f_1$
（分子 小さく）

エ 波長引き伸ばし　　$f_4 = \dfrac{c}{c+V} f_3$
（分母 大きく）

オ 音速は速く見える　$f_5 = \dfrac{c+u}{c} f_4$
（分子 大きく）

アイ より　$f_2 = \dfrac{c-u}{c-v} f_0$ ……**答**

アウエオ より　$f_5 = \dfrac{(c+u)(c-V)}{(c+V)(c-v)} f_0$ ……**答**

POINT 5　動く壁

- **まず**　音を受けとる観測者とみなす
- **次に**　音を発する音源とみなす

動く壁は1人2役

---

(2)

> ウェーン！　風まで吹いてきたし～！

大丈夫。ところで，キミは流れるプールで遊んだことはあるかい？
キミは「どっち派」だった？

> 「どっち派」といわれても…あ！　そうかボクは流れに乗ってスイスイ泳ぐのが好きな派です。

僕は，逆流派だけどね（笑）　で，流れるプールに乗って泳ぐとその流れの分だけ速くなるね。逆流すると，その分だけ遅くなるよね。

第6章　ドップラー効果　　105

これは，風速 w の風の中を伝わる音（無風時の音速 c）についても全く同じで，

$\begin{cases} \text{風と同じ向きに伝わる音の音速は} \quad \boxed{c+w} \\ \text{風と逆向きに伝わる音の音速は} \quad \boxed{c-w} \end{cases}$

となる。あとは，この $c \pm w$ が音速を表す文字だと思って，《ドップラー効果の式の立て方》(p.100)で $c \to \boxed{c \pm w}$ にとりかえた式を使えばいいんだよ。

図b で風と同じ向き，逆向きに伝わる音速をそれぞれ $\boxed{c+w}$，$\boxed{c-w}$ とする。

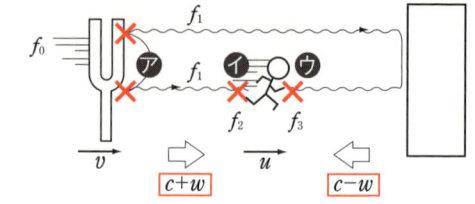

㋐ 波長圧縮
（分母 小さく） $f_1 = \dfrac{\boxed{c+w}}{\boxed{c+w}-v} f_0$

㋑ 音速は遅く見える
（分子 小さく） $f_2 = \dfrac{\boxed{c+w}-u}{\boxed{c+w}} f_1 = \dfrac{c+w-u}{c+w-v} f_0$ ……答

㋒ 音速は速く見える
（分子 大きく） $f_3 = \dfrac{\boxed{c-w}+u}{\boxed{c-w}} f_1 = \dfrac{(c-w+u)(c+w)}{(c+w-v)(c-w)} f_0$ ……答

POINT 6　風のもとでのドップラー効果

まず　伝わる方向について風のもとでの音速を求める。

そして　音速 c の記号をその音速におきかえる。

(3) 問題文の「周期的に音が大きくなったり小さくなったりをくり返し」とはいったい何のこと？

> いまわずかに異なる振動数 f_2 と f_5 の音が同時に聞こえていたなぁ……あ！ そうか！「うなり」です！ 第4章でやりました！

OK！「**ドップラー効果で振動数をわずかにずらし，同時に聞いてうなりの現象**」は**超頻出パターン**だ！ では，求めるうなりの周期 T は？

> 確か「振動数の差の絶対値」だったような……
> $T = |f_2 - f_5|$ です。

アチャー！ それは「うなりの振動数 f」でしょ。ほしいのは「うなりの周期 T」だよ。うなりの周期 T は，うなりの振動数 f の逆数なので，

$$T = \frac{1}{f} = \frac{1}{|f_2 - f_5|}$$

$$= \frac{1}{\left| \dfrac{c-u}{c-v} f_0 - \dfrac{(c+u)(c-V)}{(c+V)(c-v)} f_0 \right|}$$

$$= \frac{(c-v)(c+V)}{|(c-u)(c+V) - (c+u)(c-V)| f_0}$$

$$= \frac{(c-v)(c+V)}{2c|V-u| f_0} \quad \cdots\cdots \text{答}$$

V と u の大小関係は分からないので，$|V-u|$ と絶対値の記号の中に入れておくよ。

チェック問題 ❸ 斜め方向のドップラー効果　標準 8分

図で，Aは振動数 f_0 の音源，Bは反射板，Cは観測者であり，図の位置で示したような速度 v_A，v_B，v_C をもっている。

音速を V として，図の瞬間に Cが聞く反射音の振動数を求めよ。

ただし，V は v_A，v_B，v_C に比べ十分に大きいので音が伝わる間の A, B, C の配置はほぼ変わらないとしてよい。

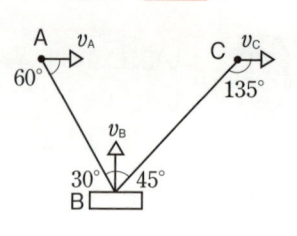

解説

> 今度は音の伝わる方向 $\overrightarrow{AB}$ と $\overrightarrow{v_A}$，$\overrightarrow{v_B}$ が一直線上に乗っていな〜い！　どうするの？

物理で斜め方向のベクトルが出たら，どうするのがおきまりのやり方だっけ？

> 放物運動でも，仕事でも「斜めのベクトルは分解せよ！」です。

それと同じように，今回も $\overrightarrow{v_A}$，$\overrightarrow{v_B}$ を分解すればいいだけのことだよ。そして，ドップラー効果の原因（「波長圧縮」とか「音速は速く見える」など）にならない，$\overrightarrow{AB}$ と垂直の速度成分は「ポイッ！と捨てる」だけだよ。すると結局，一直線上のドップラー効果に帰着することができるんだ。

まず，図aのように，AB間のみで考える（Bは観測者とみなす）。速度ベクトルを分解し，音が伝わる方向の速度成分（これがドップラー効果の原因となる）のみ考える。

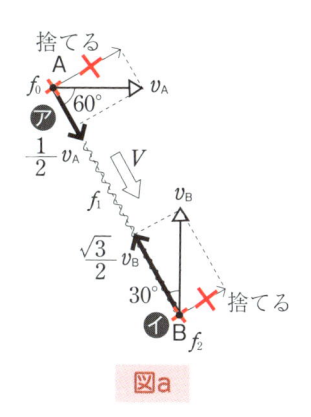

㋐波長圧縮
（分母小さく）
$$f_1 = \frac{V}{V - \frac{1}{2}v_A}f_0$$

㋑音速は速く見える
（分子大きく）
$$f_2 = \frac{V + \frac{\sqrt{3}}{2}v_B}{V}f_1$$

次に，図bのように，BC間のみで考える（Bは音源とみなす）。
図aと同様に速度ベクトルを分解する。

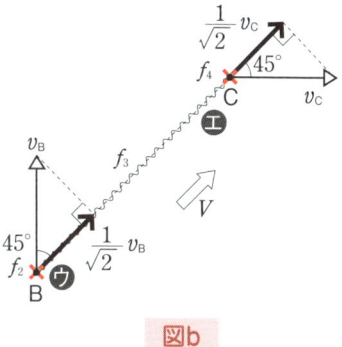

㋒波長圧縮
（分母小さく）
$$f_3 = \frac{V}{V - \frac{1}{\sqrt{2}}v_B}f_2$$

㋓音速は遅く見える
（分子小さく）
$$f_4 = \frac{V - \frac{1}{\sqrt{2}}v_C}{V}f_3$$

$$= \frac{(\sqrt{2}V - v_C)(2V + \sqrt{3}v_B)}{(\sqrt{2}V - v_B)(2V - v_A)}f_0 \cdots\cdots \text{答}$$

POINT 7　斜め方向のドップラー効果

速度ベクトルを分解し，「音の伝わる方向」とそれに「垂直な方向」とに分ける。そして，ドップラー効果の原因にならない「垂直な方向」の成分を捨てると，一直線上のドップラー効果に帰着する。

ちなみに，ドップラー効果ほど有効に私たちの生活で活用されている波動現象はないね。スピード違反の取締り（スピード違反はいけませんよ）。野球のスピードガン，医学で手術中に血液の流れを調べるドップラーモニター，気象では雨や風の強さを見るドップラーレーダー，漁業では魚群探知機，潜水艦のソナー，さらに宇宙天文学でのドップラーアンテナ，そして，なんと動物までもコウモリやイルカがこの現象をフル活用しているんだね★

音の発射点と，受けとり点で，どんな現象が起こっているか，イメージすることが大切だよ。

● 第6章 ●
ま と め

1 ドップラー効果の本質4つ
① 音源が動いても音速は変わらない。
② 音源が動いても必ず1秒にf個の音波を外部に出す。
③ 観測者が動いても波長の圧縮や引き伸ばしはできない。
④ 観測者が1秒にf'個の音波を受けとるとき,f'〔Hz〕の音として聞こえる。

2 ドップラー効果の式の立て方

$\begin{pmatrix} f_{新}\cdots新しい振動数 & f_{旧}\cdots古い振動数 & c\cdots音速 \\ v\cdots音源の速さ & u\cdots観測者の速さ & \end{pmatrix}$

① 動く音源が音を発射するときに
- (波長)引き伸ばし(分母大きく) ⇒ $f_{新} = \dfrac{c}{c+v} \times f_{旧}$
- (波長)圧縮(分母小さく) ⇒ $f_{新} = \dfrac{c}{c-v} \times f_{旧}$

② 動く観測者が音を受けとるときに
- (音速)速く見える(分子大きく) ⇒ $f_{新} = \dfrac{c+u}{c} \times f_{旧}$
- (音速)遅く見える(分子小さく) ⇒ $f_{新} = \dfrac{c-u}{c} \times f_{旧}$

3 ドップラー効果の4つの応用
① 波長は一番最後に波の基本式 $\lambda = \dfrac{v}{f}$ で求めよ。
② 動く壁は1人2役とみなせ。
③ 風のもとの音速の記号におきかえよ。
④ 音が伝わる方向と斜めの速度は分解して,垂直成分は捨てよ。

第7章 光の屈折

▲プールは実際よりも浅く見えてしまう

Story ① 屈折率って何？

▶(1) 光波と音波の違いは？

　光波というのは，電界や磁界という場が変動しながら波として伝わっていく電磁波の一種だ。この電磁波では，電界や磁界が波の進行方向と直角方向に振動する。これは横波，それとも縦波だったっけ？

> 波の進行方向と直角に振動するということはp.25でやった横波です。

　その通り。「音波は縦波」「光波は横波」と区別してね。
　ところで，音波は，真空中を伝わったっけ？

> 音波は，確かp.49で見たように空気という「ばね」の中を伝わる縦波です。真空中では，その「ばね」がないから伝わりっこありません。

112　物理の波動

そうだね。では光は，真空中を伝わるかい？

> えーと，真空中では，何も伝えるものがないから伝わらない……いや，宇宙空間でも伝わるから……！ 伝わります！ でも，何もないのにどうして伝わるの？

その理由は，電磁気でやった電磁誘導がヒントだよ。電磁誘導では，コイルに磁石を出し入れすると誘導電流が流れたよね。つまり，何もない空間中でも磁界を変化させると電気を動かす電界が発生するということだね。

一方，電磁誘導とは逆に，空間中で電界を変化させると磁界が発生することも知られているんだ。すると……，

> 電界と磁界が互いを生み出し合う「リレー」がつながっていきますね。図1です。

そうだ。だから真空中のように何もなくとも電界と磁界が互いに相手を生み出して次々と伝わっていくことができるんだ。

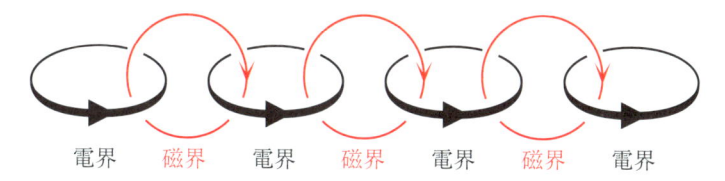

電界　磁界　電界　磁界　電界　磁界　電界

図1　光は電界と磁界の「リレー」で伝わる

POINT1 光波と音波の違い

① 光波…電界・磁界の変動する**横**波（真空中でも伝わる）
② 音波…「空気ばね」の振動する**縦**波（真空中では伝わらない）

▶(2) 屈折率って何？

光波は，速さNo.1だ。1秒間に約30万km，なんと地球を7周半する速さだぞ。ただし，これはあくまでも真空中を進む場合だよ。

第7章　光の屈折

真空中ではなくて，水やガラスなどの物質中を進む場合は，さすがの光も「ノロノロ」遅くなってしまう。これは，光波の電界の振動が，水やガラス中に含まれる電子を「ユサユサ」揺さぶりながら進んでいかねばならないためだ。

　よく整備されたグラウンド(真空中)では，100mを10秒で走れる陸上選手(光)であっても，ドロドロにぬかるんだ田んぼ(ガラス中)では，泥(電子)が足(電界)にまとわりついて，ゆっくりとしか走れないのと同じイメージだね！

> すごーく「苦しそう」なイメージですね。

　そう！　この「苦しそう」というイメージが大切なんだ。この「苦しさ」の度合いは物質の種類によって違ってくるんだ。

　そこでたとえば，ある物質中での光速が，真空中での光速の2分の1に遅くなったとしたら，その物質のことを屈折率2の物質と約束しよう。もちろん3分の1に遅くなれば屈折率3となるね。

　一般に，図2のように，ある物質中での光速が真空中の n 分の1 になり，それに伴って波長も n 分の1に縮んでしまう場合を(絶対)屈折率 n の物質と定義する。もちろん，真空自身の屈折率は $n=1$ だ。

真空中（$n=1$）　　　　屈折率 n の物質中

光速 c　　　　　　　光速 c'　　　$c' = \dfrac{c}{n}$（n 分の1に遅くなる）

ラク〜　　　　　　　苦し〜い

波長 λ　　　　　波長 λ'　　　$\lambda' = \dfrac{\lambda}{n}$（$n$ 分の1に縮む）

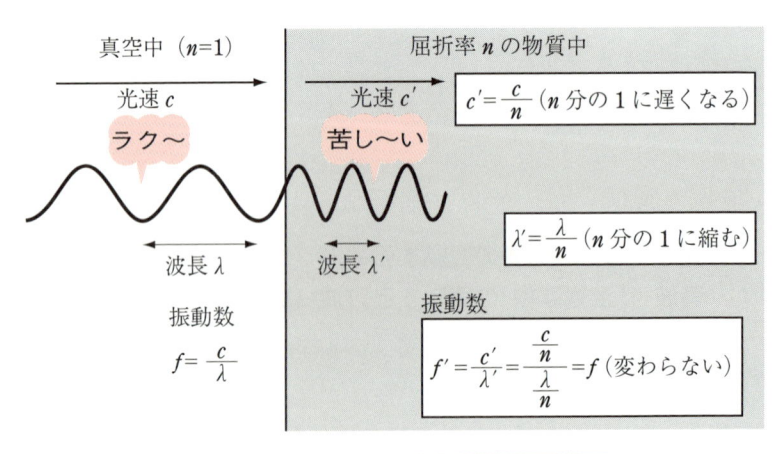

振動数　　　　　　　振動数
$f = \dfrac{c}{\lambda}$　　　　　　$f' = \dfrac{c'}{\lambda'} = \dfrac{\frac{c}{n}}{\frac{\lambda}{n}} = f$（変わらない）

図2　光が屈折率 n の物質中に入ると

> どうして振動数 f だけは，物質中に入っても変わらないのですか？ 振動数 f だって「苦しくて」ゆっくりになってしまうイメージがありますけど……

なるほど。だったら，振動数 f というのは，ある断面を1秒あたりに通過する波の数であることを思い出してほしい。

たとえば，図3のように，入射波が $f=50\mathrm{Hz}$ というのは，1秒あたりに50個の波が境界面の左から入ってくることを意味するね。

このとき，境界面から右へ1秒に何個の波が出てくる？

> 1秒に50個入ったんだから1秒に50個出ていくしかないです。40個しか出なかったらオカシイです。

そりゃそうだね。すると境界面から右へ1秒あたり $f'=50$ 個の波が出ていくことになる。よって，$f=f'=50$ と変わらないんだ！

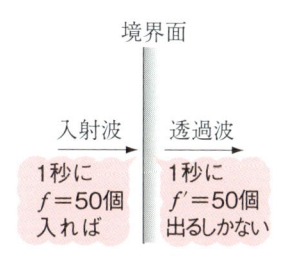

図3 振動数だけは不変

たとえば，トンネルに1分間あたり50台車が入っていたら，出口からは1分間あたり50台出てこなくちゃコワイよね。それと同じことだよ。

POINT 2 屈折率 n の物質中では

真空中と比べて光速が $\dfrac{1}{n}$ 倍に遅くなり，波長が $\dfrac{1}{n}$ 倍に縮む。ただし，振動数だけは変わらないことに注意。

（屈折率のイメージ＝光が感じるその物質の「苦しさ」）

Story 2 波面の進み方

▶(1) 波面って何？

水たまりの中のある1つの点Pを「チョンチョン」とつつくと，図4のような同心円状の波紋ができるね。この波紋のように，同じ振動状態の点(例：山や谷)を結んだ線または面を波面という。特に図4のように1点を波源(中心)として広がる波は，波面が球面となるので球面波というよ。

一方，水たまりを長い棒で「タンタン」とたたくと，図5のような，直線状の波面ができる。この波を平面波という。

ここで注目してほしいことは，波が伝わる方向(光波の場合はこれを光線という)と，波面とは必ず直角に交わることなんだ。また，ある波面と次の波面との間隔は，ちょうどその波の波長 λ になっていることも忘れずに！

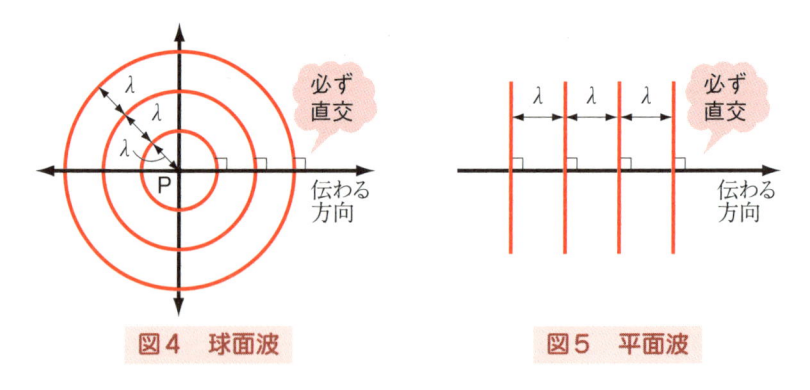

図4 球面波

図5 平面波

この波面の進み方には，何かルールがあるの？

あるよ。では，そのルールを次に見ていこう。

▶(2) 波面の進み方の大原則

次の３ステップの手順は「今の波面」から「次の瞬間の波面」をつくりあげるオールマイティーな方法で，ホイヘンスの原理とよばれている。図６で，

Step 1 ある時刻での波面がある

Step 2 その波面上のあらゆる点から同じ半径をもった無数の球面波（これを素元波（点線）という）が出る（目には見えない）

Step 3 それらの球面波に共通に接する面が次の瞬間での波面となる

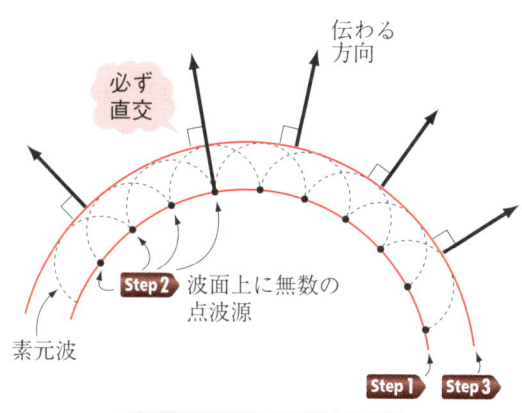

図６　ホイヘンスの原理

> 原理はシンプルなんですけれど，これが何の役に立つのですか？

うん，この原理はいろいろな波の現象を深く理解することに役立つんだ。その代表例が，次に見ていく，狭いすき間を波面が抜けるときに生じる回折という現象なんだ。

第7章　光の屈折

▶(3) 回折って何？

トツゼンだけど，今，**図7**(a)のように，キミの乗った船に津波が襲いかかる!!!! でも，大丈夫。堤防の陰に逃げ込んでいる。さて，ホントに大丈夫かな？

> 堤防の後ろに隠れたから平気ですよ！

ヘヘー，じつは**図7**(b)のように，堤防のすき間に入った波から，ホイヘンスの原理の素元波（点線）が発生するんだ。これらの素元波を共通に包み込む曲面がすき間を抜けた波の波面となる。すると，この波は両端で「丸み」をおびるので球面波のように広がって……，

> ウー！ 陰に隠れていたボクの船の方まで波がきちゃう！

そうなんだ。このように，狭いすき間を抜けた波面が障害物の後ろに回り込んで伝わる現象を回折という。

また，**図8**のように波長λに比べて十分すき間が狭いと，すき間を抜けた波は，ほぼ1点から広がる球面波とみなせる。十分に回折してよく回り込んでいることが分かるね。

たとえば，音波と光波では，音波

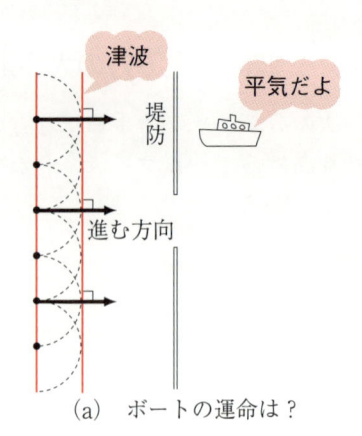

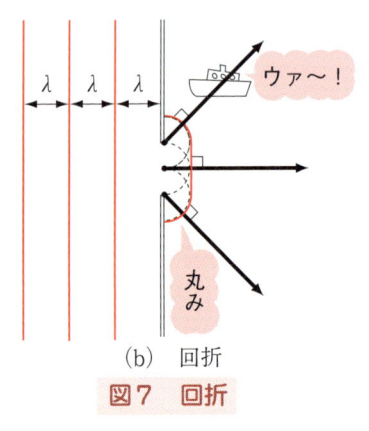

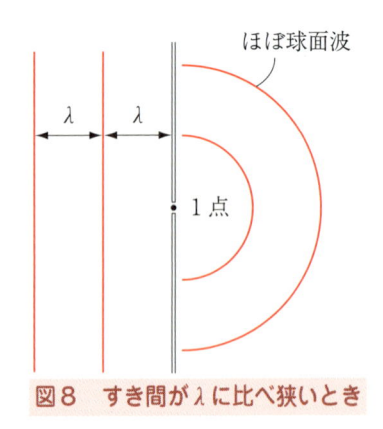

(a) ボートの運命は？

(b) 回折

図7 回折

図8 すき間がλに比べ狭いとき

118　物理の波動

の方がはるかに波長が長いので，同じすき間でも音の方が光よりもよく回折するよ。

　日常生活の例としては，窓とカーテンを閉め切った真っ暗な部屋(密室)で，ドアをわずかに開けるとその瞬間，部屋のどこにいても，外からの音は漏れて聞こえるでしょ。一方，外からの光はドアをわずかに開けただけで，イキナリ部屋中すみずみまでパッと明るくなることはないよね。

　また，携帯電話が家の中でも使えるのは，波長が音波並みに長い携帯電話の電波がすき間から回折して家の中まで入り込んでくるからなんだよ。

　さらに，AMラジオの方が，FMラジオよりも，アンテナがなくても家の中で聞こえやすいのは，AMの電波の方が波長が長くて回折しやすいからなんだね。

POINT3　回　折

　狭いすき間を抜けた波面がすき間の裏の空間にまで回り込んで広がって進む現象。

　（波長に対してすき間が狭いほどよく広がって進む）

携帯電話が使えるのは電波が回折してくれるおかげなんだね。

第7章　光の屈折

Story ③ 屈折の法則

▶(1) 屈折のイメージ

図9(a)は，ある小学校のグラウンドを真上から見下ろしたものとしよう。上半分（領域Ⅰ）は整備されたグラウンドで，下半分（領域Ⅱ）はドロドロにぬかるんでいるとするよ。

今，運動会でよくある競技だけど，長い棒をA君とB君2人が持って走っているとしよう。

ⅠとⅡの境界面に左上から走ってきた2人のうち，図9(b)のように，A君の方が先に「ズボッ！」と領域Ⅱに足をつっこんでしまった！

すると，A君は「苦しく」なりスピードダウンしてしまう。一方，B君はまだ領域Ⅰにいるので，スピードは速いままだ。

こうして，図9(c)のように，**境界面の上下での速さの違いによって，進行方向が曲がってしまう**んだ。

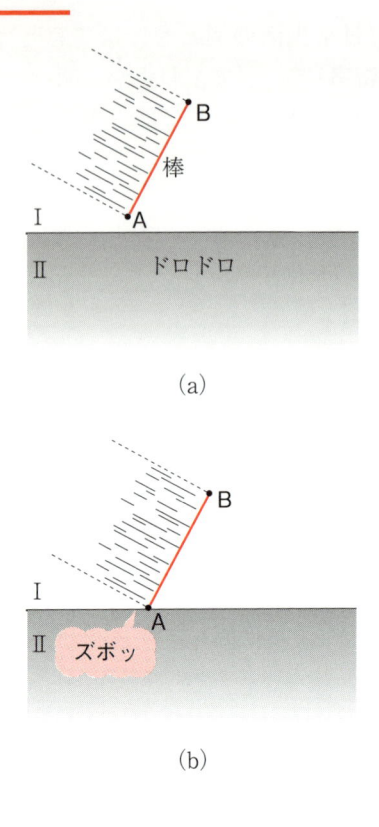

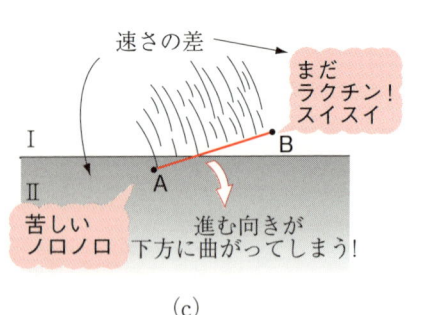

図9 屈折のイメージ

▶(2) ホイヘンスの原理を使うと

いまの話をホイヘンスの原理(p.117)を使ってもう少し詳しく見てみよう。

図10のように，異なる媒質Ⅰ，Ⅱの境界面に対して，斜めに平面波が入ってきたとするよ。媒質Ⅰ，Ⅱそれぞれを伝わる波の速さを v_1，v_2（$v_1 > v_2$）とする。

図10で，ABはAが媒質Ⅱに入った瞬間の時刻での波面とする。ここからAの速さは $v_1 \to v_2$ へと遅くなってしまうね。一方，Bは全く関係なくそのままの速さ v_1 でまっすぐにB′まで進んでいくね。ここで，BからB′へ媒質Ⅰの中を波が進むのに要する時間を t とすると，BB′ $= v_1 t$ となるね。

一方，この間にAを波源とする素元波は，半径 $v_2 t$ の球面波となって広がっている。ホイヘンスの原理より，B′からこの球面波に引いた接線A′B′が t 秒後の波面となるね。

よって，屈折波の進む方向は，この波面A′B′に直交する $\overrightarrow{AA'}$ の方向となるんだ。

このようにして，異なる媒質の境界面では，波の進行方向が折れ曲がるんだ。この現象を屈折というよ。

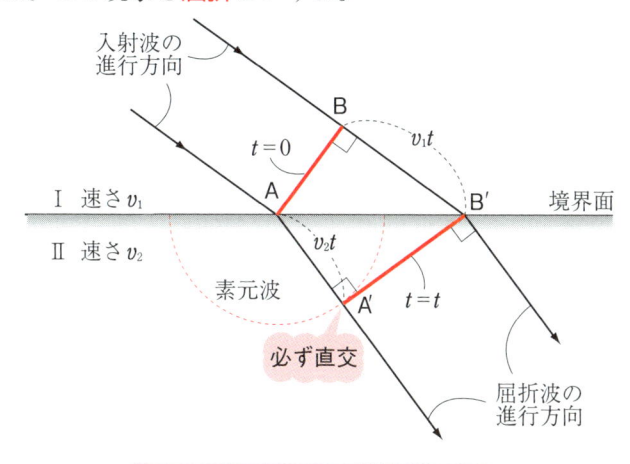

図10 ホイヘンスの原理を使うと

▶(3) 屈折の法則を導く

ここまでの話でイメージしたように，異なる物質間の境界面の上と下での速度の違いが，波面の進行方向を曲げることが分かったね。

さて，図11は図10の波面AB，A'B'をもう一度かいてみたものだ。この図11を使って屈折の法則を導いてみよう。この法則は証明過程そのものがよく試験に出るので手を動かして覚えるくらいまでくり返してほしい。

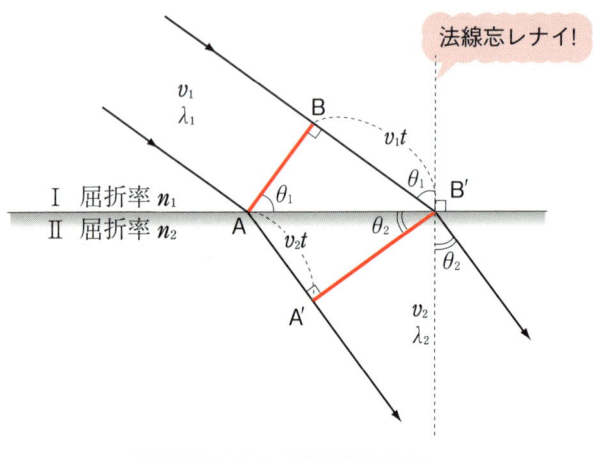

図11 屈折の法則を導く図

証明の前に，POINT2 (p.115)でやった屈折率 n の物質の定義をもう一回言ってみて？

> ハイ！ 真空中と比べ，光速が $\dfrac{1}{n}$ に遅くなり，波長が $\dfrac{1}{n}$ に縮む物質のことです。

いいぞOK！

図11で，上は屈折率 n_1 の物質，下は屈折率 $n_2(>n_1)$ の物質としよう(例上は空気，下はガラス)。真空中での光速を c，波長を λ とすると，屈折率の定義からそれぞれの物質中での

　光速は　　$v_1=\dfrac{c}{n_1}$, $v_2=\dfrac{c}{n_2}$ …①

　波長は　　$\lambda_1=\dfrac{\lambda}{n_1}$, $\lambda_2=\dfrac{\lambda}{n_2}$ …②　となっているね。

　今，図11のように，法線(境界面に垂直に立てたライン)となす角 θ_1(入射角)で入った光が，法線となす角 θ_2(屈折角)で出ていくとしよう。以上の θ_1, θ_2, v_1, v_2, λ_1, λ_2 と n_1, n_2 の関係を表すものが屈折の法則なんだ。

　では，準備ができたので図11の２つの直角三角形AB′BとAB′A′に注目して，詳しく見ていくよ。まずは辺の長さを見て
　　　$AB'\sin\theta_1 = BB' = v_1 t$
　　　$AB'\sin\theta_2 = AA' = v_2 t$
辺々割って共通のAB′, t は消して

$$\dfrac{\sin\theta_1}{\sin\theta_2}=\dfrac{v_1}{v_2}\underset{\text{①式より}}{=}\dfrac{\dfrac{c}{n_1}}{\dfrac{c}{n_2}}=\dfrac{n_2}{n_1}\underset{\text{②式より}}{=}\dfrac{\lambda_1}{\lambda_2}$$

$$\therefore\quad \dfrac{n_2}{n_1}=\dfrac{\sin\theta_1}{\sin\theta_2}=\dfrac{v_1}{v_2}=\dfrac{\lambda_1}{\lambda_2}$$

　この分数の式を屈折の法則というが，この分数の式の形で覚えると分子と分母をとり違えて危険！　そこで，各分数の分母を n_2 に，分子を n_1 に「たすきがけ」をして次のように積の式の形に変形すると覚えやすく使いやすくなるぞ。

　　　$n_1\sin\theta_1 = n_2\sin\theta_2$
　　　$n_1 v_1 = n_2 v_2$
　　　$n_1 \lambda_1 = n_2 \lambda_2$

　この式の効果的な使い方を次のPOINT4にまとめるね。

POINT 4 《屈折の法則》とその使い方

$$n_1 \sin\theta_1 = n_2 \sin\theta_2$$
$$n_1 v_1 = n_2 v_2$$
$$n_1 \lambda_1 = n_2 \lambda_2$$

　　　　下かくしの積　｜　上かくしの積

覚え方：
（境界面から下を手で隠したときに上に残って見える θ_1, v_1, λ_1 に n_1 をかけたもの）
（境界面から上を手で隠したときに下に残って見える θ_2, v_2, λ_2 に n_2 をかけたもの）

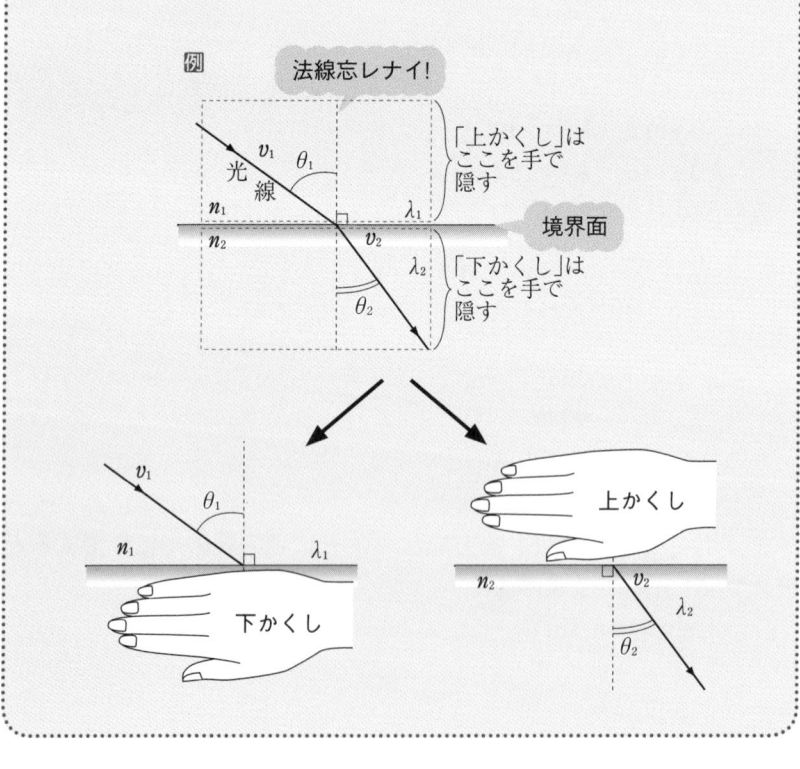

例　法線忘レナイ！

「上かくし」はここを手で隠す

境界面

「下かくし」はここを手で隠す

下かくし　　　　上かくし

チェック問題 ❶ 屈折の法則　　易 4分

(1) 図の角度 θ はいくらか。また速度 v_2 はいくらか。

(2) 媒質Ⅰに対する媒質Ⅱの屈折率はいくらか。

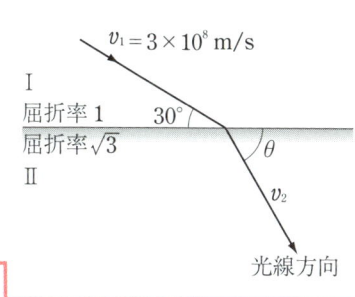

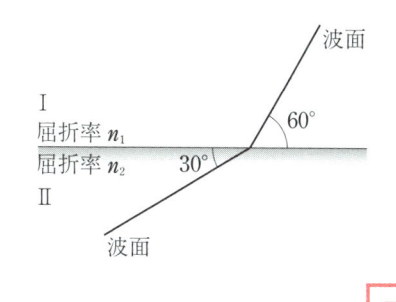

解説 (1) 問題文の図で《屈折の法則》を使ってみて．

> ハイ！　下かくしの積＝上かくしの積で，$1 \times \sin 30° = \sqrt{3} \times \sin \theta$ です。

アチャー，やっぱり引っかかった！

いいかい，「**法線忘レナイ！**」だよ。

入射角と屈折角は，**図a**のように，法線と光線のなす角だから，$60°$ と $(90° - \theta)$ だ。

よって，正しい《屈折の法則》は，**図a**で，

$$\underbrace{1 \sin 60°}_{\text{下かくしの積}} = \underbrace{\sqrt{3} \sin (90° - \theta)}_{\text{上かくしの積}}$$

$\sin 60° = \dfrac{\sqrt{3}}{2}$，$\sin(90° - \theta) = \cos \theta$　だから

$$\dfrac{\sqrt{3}}{2} = \sqrt{3} \cos \theta$$

$$\cos \theta = \dfrac{1}{2} \quad \therefore \quad \theta = 60° \cdots\cdots \text{答}$$

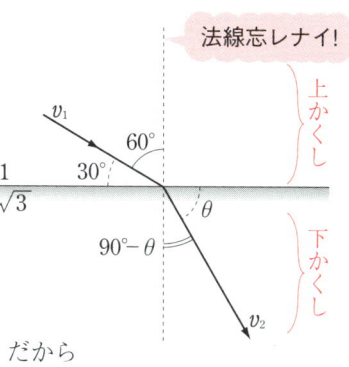

第7章　光の屈折

何度もくり返すけど「法線忘レナイ！」だよ。
また，速さについて《屈折の法則》（p.124）より，

$$\underbrace{1 \times v_1}_{\text{下かくしの積}} = \underbrace{\sqrt{3} \times v_2}_{\text{上かくしの積}}$$

$$\begin{aligned}
\therefore \ v_2 &= \frac{1}{\sqrt{3}} \times v_1 = \frac{1}{\sqrt{3}} \times 3 \times 10^8 \\
&= \sqrt{3} \times 10^8 \\
&\fallingdotseq 1.7 \times 10^8 \ [\text{m/s}] \ \cdots\cdots \ \boxed{答}
\end{aligned}$$

(2) 今度の《屈折の法則》はどう書けるかい？

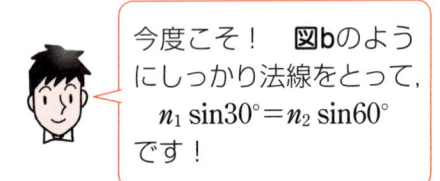

今度こそ！ 図bのようにしっかり法線をとって，$n_1 \sin 30° = n_2 \sin 60°$です！

図b

ブブー！ また落とし穴に引っかかった！ 問題文の図を見ると「波面」とあるでしょ。

キミは「光線」と間違えたね。

「光線」と「波面」とは互いに直交するので，正しい「光線」の図は，図cとなるよ。

すると，

$$\underbrace{n_1 \sin 60°}_{\text{下かくしの積}} = \underbrace{n_2 \sin 30°}_{\text{上かくしの積}} \ \cdots ①$$

となるね。

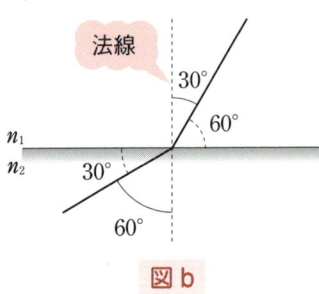

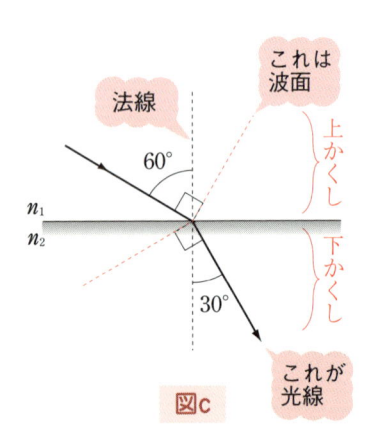

図c

「媒質Ⅰに対する媒質Ⅱの屈折率」って何ですか。

それは、「n_1に対して、n_2が何倍になっているか」を表す量で、$\dfrac{n_2}{n_1}$と表される量だ。

①より、$\dfrac{n_2}{n_1} = \dfrac{\sin 60°}{\sin 30°} = \dfrac{\frac{\sqrt{3}}{2}}{\frac{1}{2}} = \sqrt{3}$ ……**答**

となるね。

以上のように、屈折というのは、とってもミスしやすい分野だから、要注意！

問題文だけでなく、与えられている図にも細心の注意が必要なんだね。

Story ④ 全反射（ぜんはんしゃ）って何？

　水の入ったコップを**図12**のように，もち上げて，斜め下から水面を見上げると水面がなんと銀メッキされた鏡のように反射して見えるんだ。ぜひ試してほしいな。これは屈折と深い関係があるんだ。

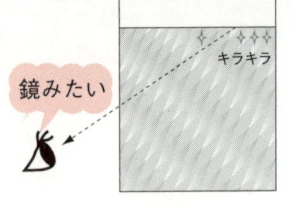

> ホントだ！　でもこの現象は反射でしょ。何か屈折と関係があるの？

キラキラ
鏡みたい

図12　やってみよう！

　じつは大アリなんだよ。

　今，**図13**のように屈折率が大きい水などの物質から，屈折率が小さい空気などの物質へ，3つの光**ア****イ****ウ**が入っているとしよう。
　ア**イ**などのように空気中へ出ていく屈折光の屈折角 θ が90°より小さい場合は，入射した光のうち一部は屈折し，残りは反射する。たとえば，100％のエネルギーの光が入射し，80％が屈折したとすると，残り20％は反射することになる。
　さらに入射角を大きくしていくと，いつかは必ず**ウ**のように屈折角が90°に達するね。
　ところで，屈折角90°を超えるような屈折光なんて存在するかい？

> 全反射の起こる理由を考えよう。

128　物理の波動

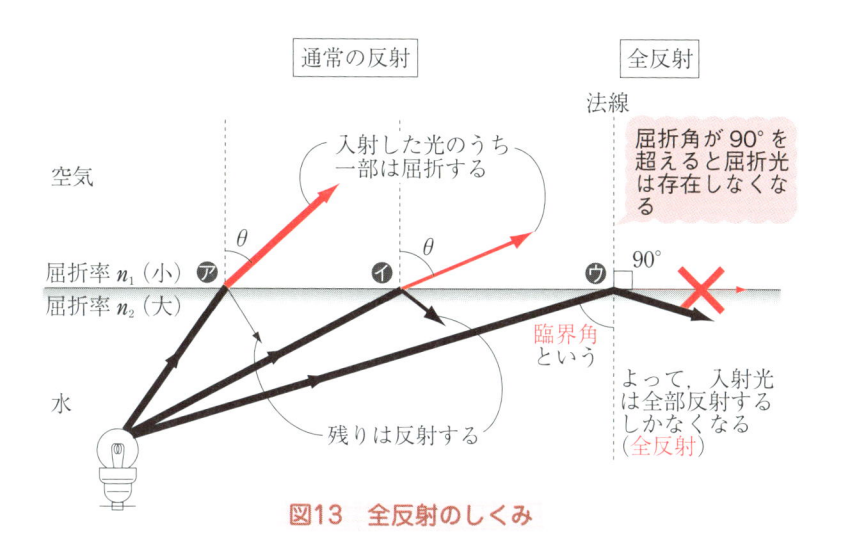

通常の反射　　　全反射

法線

空気
入射した光のうち一部は屈折する

屈折角が90°を超えると屈折光は存在しなくなる

屈折率 n_1（小）　ア　　　イ　　　　　　　ウ　90°

屈折率 n_2（大）

水

臨界角という

残りは反射する

よって，入射光は全部反射するしかなくなる（全反射）

図13　全反射のしくみ

> 屈折角が90°を超える？　ナンセンス！　そんな屈折光なんてものは存在できるわけありませんよ！

　するとそのとき，たとえば，100％のエネルギーの光が入射したとしても，屈折する光はないので0％，すると，残り100％のエネルギー全てが反射するしかなくなるね。これが全反射という現象なんだ。

> 全反射というのは，「屈折角90°で屈折光がなくなってしまって，しょうがないから全部反射するしかない」，というイメージですね。

　いいイメージだね。だから全反射といっても本質は反射ではなく，屈折の問題なんだ。

POINT 5　全反射

　屈折率が大きい物質から小さい物質に光が入射するとき，屈折角が90°を超えると，屈折光がなくなり，入射光が全て反射する現象（屈折角が90°となるときの入射角を臨界角という）。

第7章　光の屈折　　129

チェック問題 2 光ファイバーと全反射　　標準 7分

屈折率 n_A の円柱状の透明媒質A（コアとよばれる）がある。その端面は中心軸に垂直であり，側面は屈折率 n_B の媒質B（クラッドとよばれる）で囲まれているものとする。外側の空気の屈折率は1とし，$n_A > n_B > 1$ であるとする。

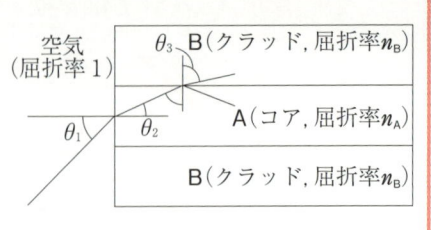

(1) 図のようにコアに外側から光が入射角 θ_1 で入射したとき，入射角 θ_1 と屈折角 θ_2 はどのような関係になるかを求めよ。

(2) コアに入射した光はクラッドとの境界面で一部は反射し，また一部はクラッドに入ることになる。光がクラッドに入るときの屈折角 θ_3 と角 θ_2 の間の関係を求めよ。

(3) 光がコア内を進んでいくためには光がクラッドの中に入らず，コアとクラッドの境界面で全反射をくり返さなければならない。そのためには外部から入射させる光の入射角 θ_1 が，どのような条件を満たす必要があるかを求めよ。

解説 (1)(2) 法線をしっかりと立て作図する。**図a**で各点での《屈折の法則》(p.124) より

㋐　$1\sin\theta_1 = n_A\sin\theta_2$ ……(1)の **答**
　　（右かくし）　（左かくし）

㋑　$n_B\sin\theta_3 = n_A\sin(90° - \theta_2)$
　　（下かくし）　　（上かくし）

ここで $\sin(90° - \theta_2) = \cos\theta_2$ より

$n_B\sin\theta_3 = n_A\cos\theta_2$ ……(2)の **答**

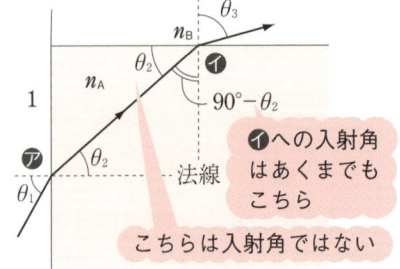

㋑への入射角はあくまでもこちら
こちらは入射角ではない

図a

(3) まずちょうど❶で全反射をする条件は、❶での屈折角が90°になることである。図bで、各点での《屈折の法則》より

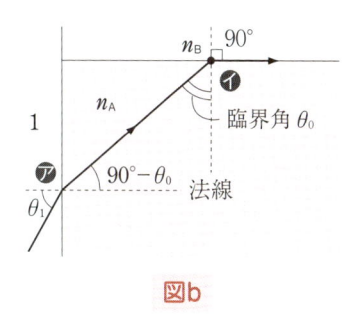

❼　$1\sin\theta_1 = n_A\sin(90°-\theta_0)$ …①
　　　　右かくし　　　左かくし

❶　$n_B\sin 90° = n_A\sin\theta_0$ …②
　　下かくし　　上かくし

本問ではθ_1を求めたいので、①②からθ_0を消去してθ_1だけの式にする。①で$\sin(90°-\theta_0)=\cos\theta_0$、②で$\sin 90°=1$を用いて、

$$\begin{cases} \sin\theta_1 = n_A\cos\theta_0 \cdots ①' \\ n_B = n_A\sin\theta_0 \cdots ②' \end{cases}$$

ここで辺々、①$'^2$＋②$'^2$し、$\sin^2\theta_0+\cos^2\theta_0=1$を利用して（おきまり）、

$$\sin^2\theta_1 + n_B^2 = n_A^2(\cos^2\theta_0+\sin^2\theta_0) = n_A^2$$

∴　$\sin\theta_1 = \sqrt{n_A^2 - n_B^2}$

この条件を満たす入射角θ_1で入射すれば、**ちょうどギリギリ**全反射する。

一方、求めるθ_1は**余裕**で全反射できる条件である。よって、この角度よりももっと小さく❼の面に入射し、❶の面により、水平に近い方向から入射する条件を考えて、

$$\sin\theta_1 < \sqrt{n_A^2 - n_B^2} \quad \cdots\cdots \text{答}$$

この光ファイバーも日常生活でよく使われているね。インターネット通信の光ケーブルから、胃カメラ、内視鏡、クリスマスツリーなどだ。

光ファイバー内を光を減衰させることなしに遠くに伝えることができるのは、全反射のおかげなんだね。

次の問題に入る前に、光の屈折やあとでやる干渉で頻出の、この近似を見ていただきたい。

> **POINT 6** θ が小さいときの近似
>
> θ が小さいとき θ を〔rad〕単位（π を使う角度）として
> $\sin\theta \fallingdotseq \tan\theta \fallingdotseq \theta$

この式のイメージはグラフだ。キミは数学で sin や tan のグラフはかいたことはあるよね。そこで今、$y = \sin\theta$、$y = \theta$、$y = \tan\theta$ のグラフをかいてみるよ。

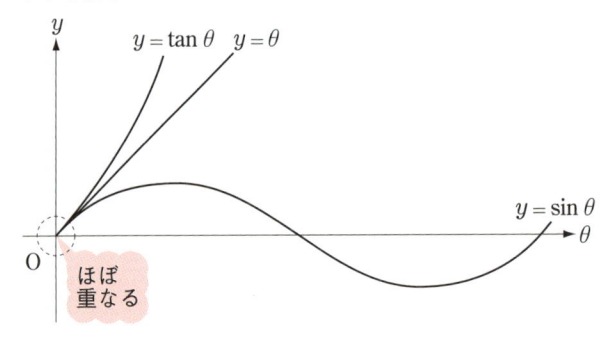

ほぼ重なる

すると、この3つのグラフはある近くではほぼ重なって、等しいね。

あ！ $\theta = 0$ の近くでは、ほぼ等しいです！

そうだね。すると、θ が小さければ上の近似が成り立つこと、そして、逆に、θ が小さくなければ、上の近似が使えないことも分かったね。

チェック問題 ❸ 見かけの深さ，光の閉じ込め問題　標準 8分

屈折率 n の液体中，深さ d の位置に点光源 P がある。この点光源からの光を境界面のすぐ上の空気中で観測する。空気の屈折率を 1 とする。$\theta \fallingdotseq 0$ のときは $\tan\theta \fallingdotseq \sin\theta$ とせよ。

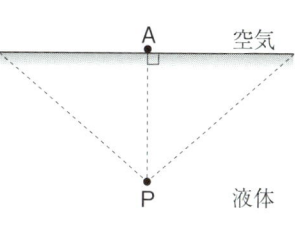

(1) 図の点 A のほぼ真上から見たときの点光源の見かけの深さ d' はいくらか。

(2) 点 A を中心として境界面に沿って半径 r 以上の円板を置くと，空気中では光が観測できない。r を求めよ。

解説 (1) P から出た 3 つの光 ア イ ウ を図 a のようにかいてみたよ。

さて，この ア イ ウ 3 つの光はすべてある 1 点から広がってくるかのように見えるけど，それはどこだろう。

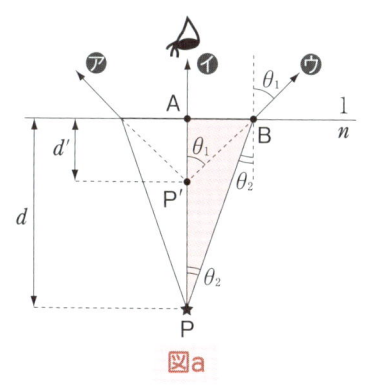

図 a

ア イ ウ の光はすべて……あ！　P ではなくて P′ 点から広がってくるように見えます！　P′ に点光源が見えます。

そうだね。すると求める点光源の見かけの深さは d ではなくて d' となるね。

第 7 章　光の屈折

点Bでの POINT 4 (p.124) の《屈折の法則》より，

B : $1\sin\theta_1 = n\sin\theta_2$ ……①
　　　下かくし　　　上かくし

また，図aの色をつけた部分の直角三角形より，

$$d\tan\theta_2 = d'\tan\theta_1 = \mathrm{AB}$$

∴ $d' = \dfrac{\tan\theta_2}{\tan\theta_1}d$

ここで「ほぼ真上から見る」ので θ_1, θ_2 は小さいから，近似 $\tan\theta \fallingdotseq \sin\theta$ を使って，

$$d' \fallingdotseq \dfrac{\sin\theta_2}{\sin\theta_1}d$$

$$= \dfrac{1}{n}d \quad (\because \ ①) \ \cdots\cdots 答$$

キミは初めて行ったプールで，見かけ上浅く見えるからと思って，飛び込んだら深かった！　という経験あるかい？　水の屈折率は $n \fallingdotseq 1.33$ だから本問の結果 $\dfrac{1}{n}d$ によると，1.33mのプールが 1mぐらいに見えるんだね。

(2)　Pからの光が空気中に出ないようにするためには，水面上をアメリカ大陸ぐらい大きい円板でおおう必要があるかな？

そんな大きい円板なんていらないとは思うけど…

そうだね，じつは，図bのように，半径 r の円板のふちの位置のC点でちょうど全反射が起こるようにしてあげればいいんだよ。つまり，これだけの半径 r の円板でおおえばすむんだ。

でも，C点より外側の光は円板がないなら空気中にもれちゃうんじゃないの？

大丈夫。どうせ余裕で全反射してくれて，水面ではね返されてしまうから。

点Cでの《屈折の法則》より，
C：$1\sin 90° = n\sin\theta_C$ …②
　　下かくし　　上かくし

また，図bの直角三角形より

$r = d\tan\theta_C$ …③

$= d\dfrac{\sin\theta_C}{\cos\theta_C}$

$= d\dfrac{\sin\theta_C}{\sqrt{1-\sin^2\theta_C}}$

$= d\dfrac{\dfrac{1}{n}}{\sqrt{1-\left(\dfrac{1}{n}\right)^2}}$ 　（∵ ②）

$= \dfrac{d}{\sqrt{n^2-1}}$ ……**答**

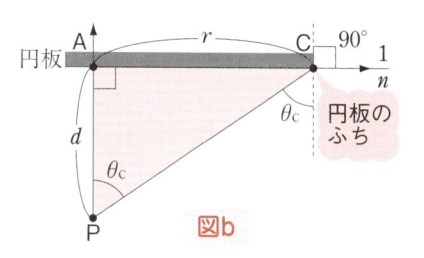

> 上の式変形の③で，$d\tan\theta_C ≒ d\sin\theta_C = d\dfrac{1}{n}$ と近似してはいけないの？

θ_Cは臨界角だよ。全反射を起こすには相当大きな角度θ_Cが必要になるね。**POINT 6**（p.132）で見たように，**θ_Cが小さくないのに近似はできないよ**。だから，

$\tan\theta_C = \dfrac{\sin\theta_C}{\cos\theta_C}$　とするしかなかったのだ。

ちなみに，魚を釣るときはこの問題の原理を覚えておくといい。図bの三角形の中から出た光が決して空気中に出ていかないということは，空気中から見えないということだ。それは水中の魚にとっては天敵である鳥などから見つからないという絶好の隠れ家になるわけだね。池の中に浮いている水草やボートの下，そこに釣り針を垂らせば……そう，ジャンジャン釣れる……はずだよ。

第7章　光の屈折

●第7章●
まとめ

1 屈折率……光が進むときに感じる「苦しさ」
真空中に比べ屈折率 n の物質中では波長，光速は $\frac{1}{n}$ 倍になる。一方，振動数は変化しない。

2 波面……同じ振動状態の点をつないだもので，波紋と同じイメージ
ホイヘンスの原理にしたがって進行していく。
① 回折：狭いすき間を抜けた波面は回り込んであらゆる方向に広がって進む
② 屈折：境界面の上下で波面の速さの違いによって，ある特定の方向に折れ曲がる

区別

3 屈折の法則
$n_1 \sin\theta_1 = n_2 \sin\theta_2$
$n_1 v_1 = n_2 v_2$
$n_1 \lambda_1 = n_2 \lambda_2$
下かくしの積　上かくしの積

光線 v_1
λ_1
θ_1
屈折率 n_1
屈折率 n_2
θ_2　v_2
λ_2

法線忘レナイ！
上かくし
下かくし

4 全反射
屈折角が90°を超えると，屈折光は存在しなくなり，全部反射することしかできなくなる。

波面の速さのずれが屈折を起こすんだ。
「下かくし」,「上かくし」で式はスイスイだね。

第8章 レンズ

▲仮に凸レンズであれば，モノは焦がせる

Story ① レンズも結局は光の屈折だ

　図1のように，三角形のプリズムに単色光(ある色の波長のみをもっている決まった光)を当てると屈折して進むよね。この屈折は，第7章で見たように波面の折れ曲がりでイメージできる。

　では，図2のように，三角形や台形のプリズムを積み重ねたものに光軸(中心軸)と平行な光を当てるとどのように折れ曲がって進むのだろうか。

> 真ん中の光線は，まっすぐ進む。そして端に入った光線ほどよく屈折しそうだな……。

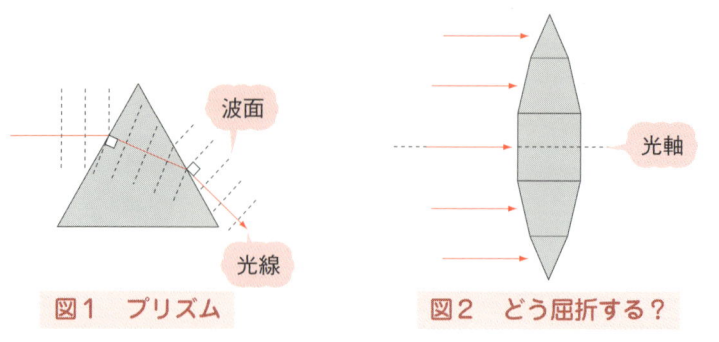

図1　プリズム

図2　どう屈折する？

そうだね。さらに，うまくプリズムを調節して，図3のように各平行光が光軸上のある1点で集まったとしよう。

> あ！ これは凸レンズで光が焦点に集まるのとそっくりです。

そうなんだ。このように，**レンズも結局は光の屈折の現象だけで理解できてしまうんだ。**

次は図4のように，台形のプリズムを積み重ねたものに平行光を当てると図4のように進むけど，これは

> 凹レンズと同じです。だから，凹レンズでは光が広がるんだな。

そうだ！ その光が広がる源となる点Fを凹レンズの**焦点**という。

つまり，凹レンズも光の屈折で理解できてしまうんだよ。

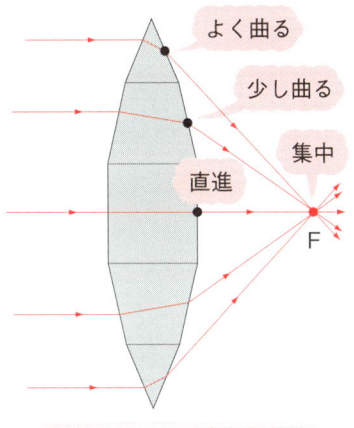

図3 凸レンズの焦点F

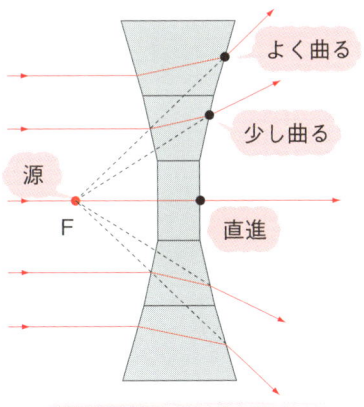

図4 凹レンズの焦点F

POINT1 レンズの焦点F

レンズは，各部分のプリズムによって光を屈折させる。
　凸レンズ：光軸に平行な光は**すべて焦点Fに集まる**。
　凹レンズ：光軸に平行な光は**すべて焦点Fから出てくる**ように広がる。

第8章 レンズ

Story ② レンズの3種の基本光線と像

凸(凹)レンズは，プリズムの集合体とみなすことができたね。そして，中心軸と平行な光は焦点Fへ集まる(Fから広がる)。そのことを踏まえて，凸レンズ(凹レンズ)の像の代表例「カメラ型」，「ルーペ型」(「凹レンズ」)を作図してみよう。作図上大切な光線は3つある。それらを《3種の基本光線》とよぶよ。

(1) **凸レンズ**

(i) カメラ型（$a > f$）

作図

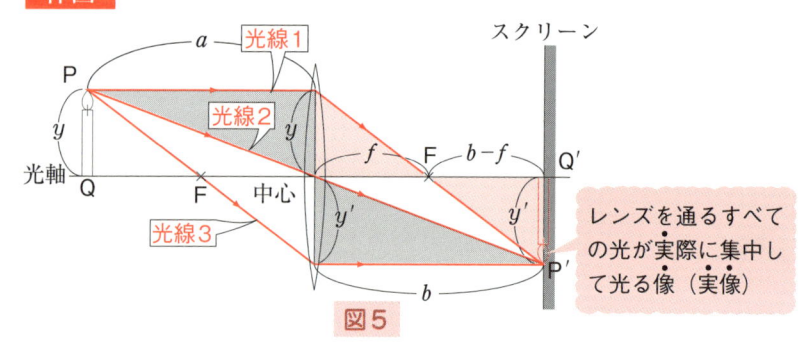

図5

凸レンズの《3種の基本光線》を押さえよ。

光線1	光軸と平行な光は屈折して焦点Fを通る
	（焦点の定義そのものだね）
光線2	中心を通る光はそのまま直進する
	（中心は平行板ガラス状態なので直進させるよ）
光線3	焦点Fを通った光は屈折して光軸に平行に進む
	(光線1の逆行（光線はもときた道を戻ることもできるんだ）)

では，この図5をもとに，レンズの公式を導いてみよう。

レンズの公式

図5の中に含まれる2組の相似な三角形に注目して，

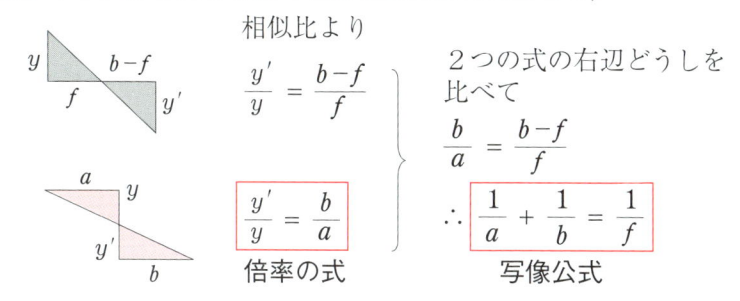

相似比より

$$\frac{y'}{y} = \frac{b-f}{f}$$

$$\boxed{\frac{y'}{y} = \frac{b}{a}}$$
倍率の式

2つの式の右辺どうしを比べて

$$\frac{b}{a} = \frac{b-f}{f}$$

$$\therefore \boxed{\frac{1}{a} + \frac{1}{b} = \frac{1}{f}}$$
写像公式

(ii) ルーペ型（$a < f$）

作図

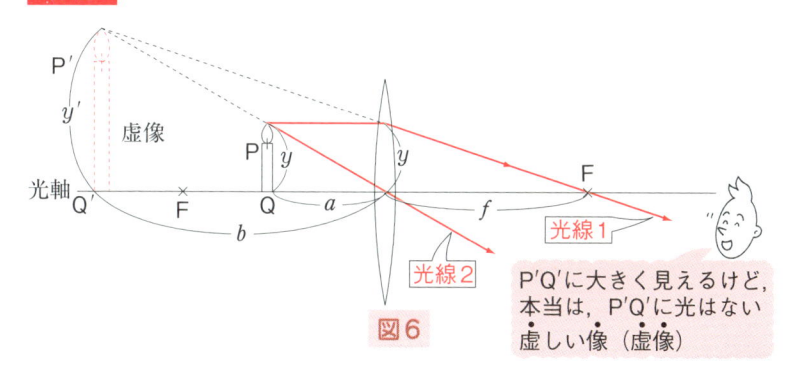

図6

P'Q'に大きく見えるけど，本当は，P'Q'に光はない虚しい像（虚像）

光線1，2ともにある1点から広がるように見えるね。そう図の点P'からだ。よって，点P'にあたかもローソクの光があるかのように見えるんだ。

レンズの公式

図6の2組の相似な三角形に注目して，

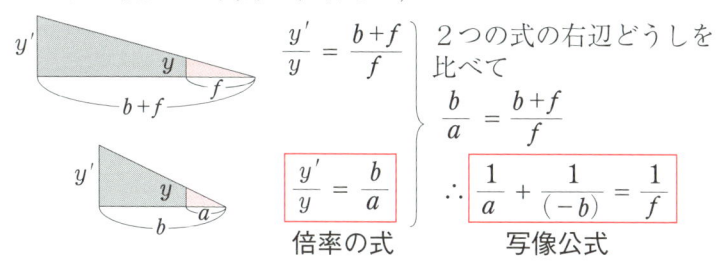

$$\frac{y'}{y} = \frac{b+f}{f}$$

$$\boxed{\frac{y'}{y} = \frac{b}{a}}$$
倍率の式

2つの式の右辺どうしを比べて

$$\frac{b}{a} = \frac{b+f}{f}$$

$$\therefore \boxed{\frac{1}{a} + \frac{1}{(-b)} = \frac{1}{f}}$$
写像公式

第8章 レンズ

イマイチ実像と虚像の違いが分かりづらいのですが，何が実で何が虚なんですか？

イメージとしては，実際にその点に光がきて集まっている点(手を近づけると実際暖く感じる)を実像という。

一方，その点に光は全くなく，ただそこから光がやってくるように見える点(手を近づけても何も感じず虚しい)を虚像と思えばいいね。

(2) 凹レンズ

作図

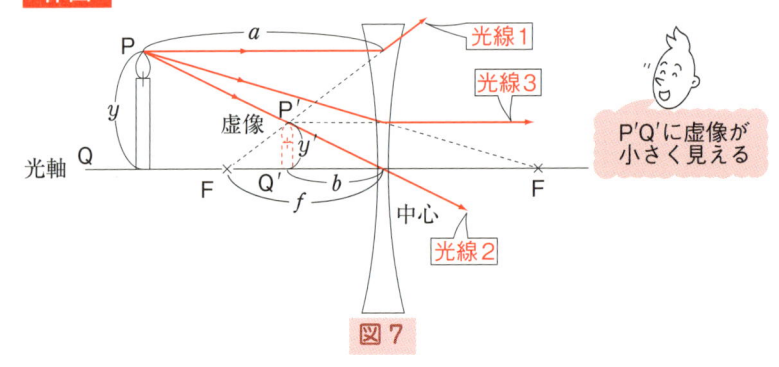

図7

光線1，2，3ともにある点からやってくるように見えるね。

そう今回は点P′から光が広がってくる。よって，今回は点P′に小さなローソクの光が見えるね。

凹レンズの《3種の基本光線》を押さえよ。

光線1　光軸に平行な光は，屈折後，焦点Fから出てきたかのように進む
（定義）

光線2　中心を通る光はそのまま直進する
（平行板ガラス）

光線3　向こう側の焦点Fに向かって進む光は，屈折後，光軸に平行に進む
（光線1の逆行）

142　物理の波動

レンズの公式

図7の2組の相似な三角形に注目して，

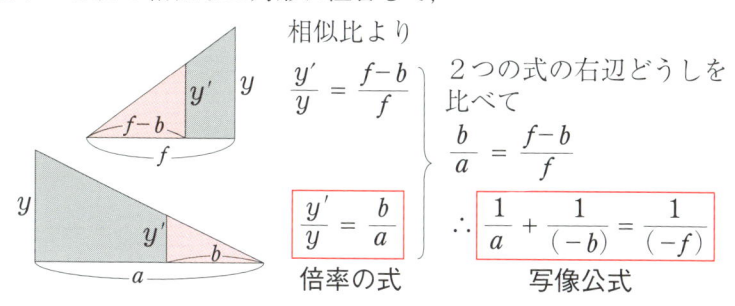

相似比より

$$\frac{y'}{y} = \frac{f-b}{f}$$

2つの式の右辺どうしを比べて

$$\frac{b}{a} = \frac{f-b}{f}$$

$$\boxed{\frac{y'}{y} = \frac{b}{a}} \quad \therefore \boxed{\frac{1}{a} + \frac{1}{(-b)} = \frac{1}{(-f)}}$$

倍率の式　　　　写像公式

> 凹レンズでは，凸レンズみたいにローソクの光の実像はできないんですか？

そうなんだ。凹レンズでは点光源から広がってきた光は必ずプリズムによってさらに広げられてしまうので，光が集中して光る実像はどうやってもできないんだね。

だから $a>f$，$a<f$ によらず，いつもローソクの小さな虚像が焦点Fよりもレンズに近いところにできるんだ。

POINT 2　レンズによる点光源の3つの像

① 凸レンズ

　(i) カメラ型（$a>f$）➡ **倒立実像**　　$\dfrac{1}{a} + \dfrac{1}{b} = \dfrac{1}{f}$

　　　　　　　　　　　　　　　　　　　$\dfrac{y'}{y} = \dfrac{b}{a}$

　(ii) ルーペ型（$a<f$）➡ **正立虚像**　$\dfrac{1}{a} + \dfrac{1}{(-b)} = \dfrac{1}{f}$

　　　　　　　　　　　　　　　　　　　$\dfrac{y'}{y} = \dfrac{b}{a} > 1$　いつも拡大

② 凹レンズ（いつでも）➡ **正立虚像**　$\dfrac{1}{a} + \dfrac{1}{(-b)} = \dfrac{1}{(-f)}$

　　　　　　　　　　　　　　　　　　　$\dfrac{y'}{y} = \dfrac{b}{a} < 1$　いつも縮小

第8章　レンズ

Story ③ レンズの統一公式

うへ～，レンズの公式は6つもあって，とくに $\frac{1}{a}+\frac{1}{(-b)}=\frac{1}{f}$ とか，$\frac{1}{a}+\frac{1}{(-b)}=\frac{1}{(-f)}$ とか，いつどこにマイナスの符号をつけたらいいのか覚えられません。

大丈夫，あらゆる場合に使える，次の**たった2つの式**さえ押さえればいいだけなんだ。

① 《レンズの統一公式》

写像公式

$$\frac{1}{a}+\frac{1}{b}=\frac{1}{f}$$

$|a|$ …レンズ面から光源までの距離
$|b|$ …レンズ面から像までの距離
$|f|$ …レンズ面から焦点までの距離

倍率公式

$$M=-\frac{b}{a}$$

$|M|$ …倍率
$M>0$ のとき正立像
$M<0$ のとき倒立像

このようになるためにわざわざ $\frac{b}{a}$ にマイナスをつけたんだ

アレ！ b や f の前についていたマイナスの符号はどうなっちゃったの？

それは，**a, b, f の中に含まれている**んだ。たとえば，$b=-20\text{cm}$ とか $f=-40\text{cm}$ のようにね。

じゃぁ，a, b, f がいつマイナスになるのかは，どういうルールで決まってくるんですか？

それには**カンタンなルール**があって，次のように約束されているんだ。

② 《a, b, f の符号の約束》
 (ⅰ) f の符号はレンズで判定 $\begin{cases} 凸レンズは f>0 \\ 凹レンズは f<0 \end{cases}$「凹むとマイナス」と覚えよう

 (ⅱ) a, b の符号は光源と像で判定　下の4つの形を目に焼きつけよう「虚つくとマイナス」と覚えよう

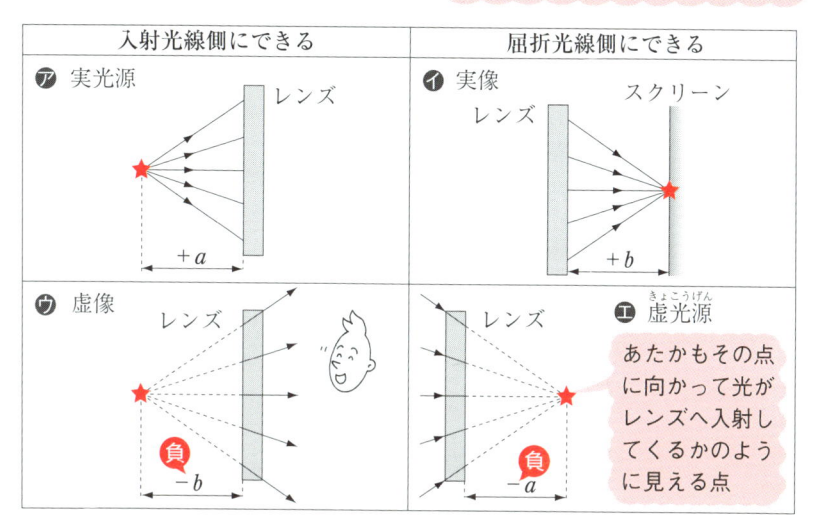

入射光線側にできる	屈折光線側にできる
㋐ 実光源 （レンズ、$+a$）	㋑ 実像 （レンズ、スクリーン、$+b$）
㋒ 虚像 （レンズ、$-b$、負）	㋓ 虚光源 （レンズ、$-a$、負）あたかもその点に向かって光がレンズへ入射してくるかのように見える点

例えば、Story ② の
　p.140の凸レンズのカメラ型は ㋐ $a>0$, ㋑ $b>0$, $f>0$ の場合。
　p.141の凸レンズのルーペ型は ㋐ $a>0$, ㋒ $b<0$, $f>0$ の場合。
　p.142の凹レンズでは ㋐ $a>0$, ㋒ $b<0$, $f<0$ の場合。
に相当することを確かめてほしい。

> 今さら聞くのも何なんですが、倍率公式の $M=-\dfrac{b}{a}$ には、どうしてマイナスがついているんですか？

ちょうどいいところで聞いてくれた。上で見たように、a, b にはマイナスの符号も含ませることがあったね。だから、M の値も正になったり負になったりするんだ。

もし，M が正の値になると（例「ルーペ型（p.141）」では，a は正，b は虚像で負となり，$M=-\dfrac{b}{a}$ は正），その像はひっくり返らず正立することが分かっている（正立像）。負になったら（例「カメラ型（p.140）」では，a は正，b は実像で正となり，$M=-\dfrac{b}{a}$ は負），その像は倒立することが分かっている（倒立像）。

要は「M が正なら正立」，「M が負なら倒立」とゴロがよくなるように，強引にマイナスをつけたんだよ。

POINT 3 《レンズの統一公式》

写像公式　$\dfrac{1}{a}+\dfrac{1}{b}=\dfrac{1}{f}$

倍率公式　$M=-\dfrac{b}{a}$　$\begin{cases} M>0 \text{ のとき正立像} \\ M<0 \text{ のとき倒立像} \end{cases}$

凸レンズは $f>0$，凹レンズは $f<0$
実光源は $a>0$，虚光源は $a<0$
実像は $b>0$，虚像は $b<0$

凹むとマイナス
（ポジティブにね）

虚つくとマイナス
（人生もそうだね）

さて，この公式を実際に使ってみようか！

チェック問題 1　レンズのつくる像　　標準 12分

　焦点距離 20cm の凸レンズ A がある。図のように，レンズの左方60cm の位置に長さ5cmの物体 PQ を置いた。

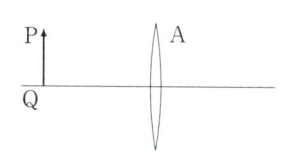

(1)　物体 PQ の像の位置はどこか。また，像の長さはいくらか。
(2)　PQ をレンズの左方 10cm の位置にずらすと像の位置と長さはどうなるか。
(3)　(1)の状態に戻し焦点距離 40cm の凹レンズ B を A の右方 10cm の位置に置いた。このとき物体 PQ の像のできる位置はどこか。また像の種類(実像，虚像，正立，倒立)および長さはいくらか。

解説　基本的にレンズの問題の解法は2つしかない。1つめは《3種の基本光線》(p.140)の作図。2つめは《レンズの統一公式》だ。

(1)　**解法1**　《3種の基本光線》の作図で解く。
　図a のように作図する。三角形の相似に注意して各部分の長さを決めていこう。図a で色をつけた部分の三角形の相似比が 2 : 1 であるので
　　$x = 10$cm，$y' = 2.5$cm と分かるね。
　よって，像の P'Q'は，Aの右方 30cm の位置に，倒立しており，その長さは 2.5cm となっている。これは「カメラ型」だね。……**答**

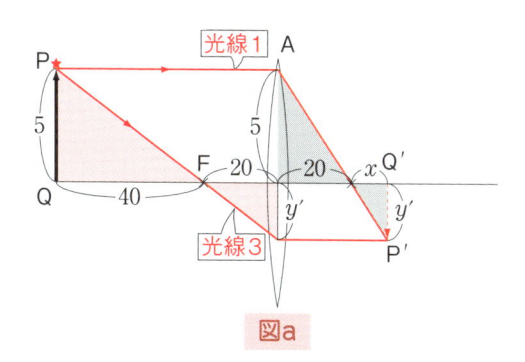

図a

[解法2] 《レンズの統一公式》を用いる。
　《レンズの統一公式》でいまの場合，《a, b, fの符号の約束》(p.145)で $a=+60$，$f=+20$ だ。写像公式は，
　　実光源　凸レンズ

$$\frac{1}{a}+\frac{1}{b}=\frac{1}{f} \quad \text{で} \quad \frac{1}{60}+\frac{1}{b}=\frac{1}{20} \quad \therefore \quad b=+30$$
　　　　　　　　　　　　　　　　　　　　　　　　　　　　　　　　実像

⇨ Aの右方30cmに実像 …… [答]

　そして，倍率公式(p.144)で倍率 $M=-\dfrac{b}{a}=-\dfrac{30}{60}=-0.5$
　　　　　　　　　　　　　　　　　　　　　　　　　倒立

⇨ 倒立しており長さは，$5 \times 0.5 = 2.5\text{cm}$ …… [答]

(2) 《レンズの統一公式》で $a=+10$，$f=+20$ だ。写像公式より，
　　　　　　　　　　　　　実光源　　凸レンズ

$$\frac{1}{a}+\frac{1}{b}=\frac{1}{f} \quad \text{で} \quad \frac{1}{10}+\frac{1}{b}=\frac{1}{20} \quad \therefore \quad b=-20$$
　　　　　　　　　　　　　　　　　　　　　　　　　　　　　　　　虚像

⇨ Aの左方20cmに虚像 …… [答]

　そして，倍率公式で，

　　倍率 $M=-\dfrac{b}{a}=-\dfrac{-20}{10}=+2$
　　　　　　　　　　　　　　　　正立

⇨ 正立しており長さは $5 \times 2 = 10\text{cm}$ …… [答]

　これは「ルーペ型」(p.141)だね。

(3) **図b** で（光源は P ではなく Q にとってあることに注意）レンズ A がつくった実像 P′Q′ はレンズ B にとっては虚光源(p.146)の形になっている。
　よって，レンズ B にとってのレンズの公式では《a, b, fの符号の約束》より，
　$a'=-20$，$f'=-40$ であるので，
　虚光源　凹レンズ

　写像公式は，

$$\frac{1}{(-20)}+\frac{1}{b'}=\frac{1}{(-40)} \quad \therefore \quad b'=+40$$
　　　　　　　　　　　　　　　　　　　　　　　　実像

⇨ Bの右方40cmに実像 P″Q″ ができる。…… [答]

そして，レンズ B にとっての倍率公式は，

$$倍率\ M' = -\frac{40}{-20} = \underset{\text{正立}}{+2}$$

よって，A＋B の全体をかけ合せた倍率は，
$$M \times M' = (-0.5) \times (+2) = \underset{\text{倒立}}{-1}$$

⇨ 倒立しており，長さは 5×1＝5cm ……**答**

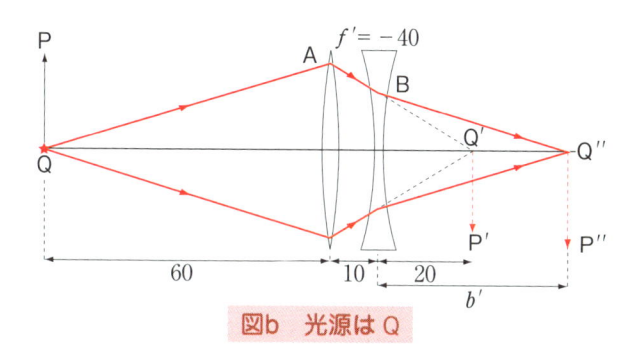

図b　光源は Q

どうも虚光源って，光源というイメージないんですよね。

たしかにそうだ。光源というイメージは全くない。むしろ，「光の吸い込み点」とよんだほうがよさそうだ。図c で，レンズ A を通った光は，すべて点 Q′ に「吸い込まれていく」かのように見えるからね。

この虚光源という考えを使う場面は，今回のような組み合わせレンズで，1枚目の凸レンズの直後に2枚目のレンズが置かれたときにしか出てこないよ。図c の形をしっかり目に焼きつけておこう。

ポイントは「光がせばまりつつレンズに入る」と虚光源が生じるということだ。

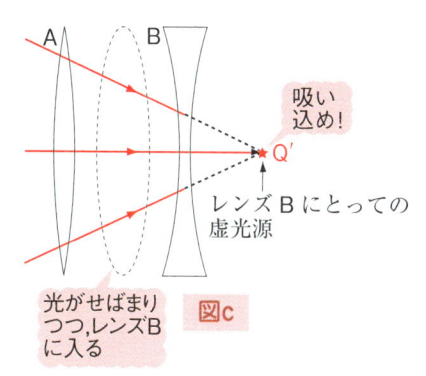

吸い込め！

レンズ B にとっての虚光源

光がせばまりつつ，レンズ B に入る

図c

第8章　レンズ

チェック問題 2　レンズの像の変化　　標準 8分

半径 6 cm，焦点距離 30 cm の薄い凸レンズがある。光軸上で，レンズから 60 cm のところに，長さ 2 cm の棒を光軸の上側に垂直に立てる。

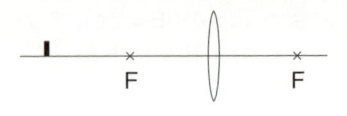

(1) 像のできる位置はどこか。また，像の長さはいくらか。
(2) 棒をレンズから少し遠ざけるとき，像はどのようになるか。
　① レンズに近づく　② レンズから遠のく　③ 動かない
(3) (2)のとき，像の長さはどのようになるか。
　① 大きくなる　② 小さくなる　③ 変わらない
(4) 今度は，レンズを上側に少し移動させる。このとき，像はどのようになるか。
　① 上に動く　② 下に動く　③ 動かない
(5) 今度はレンズの上半分を紙でおおう。このとき像はどのようになるか。
　① 消える　② 上半分が欠ける　③ 欠けるところはない

解説　(1)《レンズの統一公式》(p.146)を用いる。《a, b, f の符号の約束》で，$a = +60$（実光源），$f = +30$（凸レンズ）であるので写像公式は，

$$\frac{1}{a} + \frac{1}{b} = \frac{1}{f} \quad \text{で} \quad \frac{1}{+60} + \frac{1}{b} = \frac{1}{+30} \quad \therefore \quad b = +60 \text{cm}（実像）$$

➡ レンズの右方 60 cm の位置に実像……**答**

また，倍率公式より，

$$\text{倍率 } M = -\frac{b}{a} = -\frac{+60}{+60} = -1 \text{（倒立）}$$

➡ 像は倒立しており，その大きさは，2×1 倍 $= 2$ [cm]……**答**

(2) 棒をレンズから遠ざけることは f が一定のまま，a を大きくすることに相当する。

このとき，写像公式

$\dfrac{1}{a} + \dfrac{1}{b} = \dfrac{1}{f}$ で f が一定で a は大きくなるのだから，b は逆に小さくなる。

よって，像の位置はレンズに近づくことになる。　①……**答**

(3) 倍率公式より，

$M = -\dfrac{b}{a}$ で a を大きくして b は小さくすると，

$|M| = \left|\dfrac{b}{a}\right|$ は小さくなる。

つまり，像の長さは小さくなる。　②……**答**

(4) レンズを上へ動かすときにはレンズの公式は使えない（a，b，f は不変だから）ので，基本光線の作図で解く。

図aより，レンズの中心軸を通る光（直進する）に注目すると，像の位置は上に動くことが分かる。　①……**答**

ちなみに，a，b，f は不変なので，像の大きさや，像の左右への動き（b の変化）は全くない。

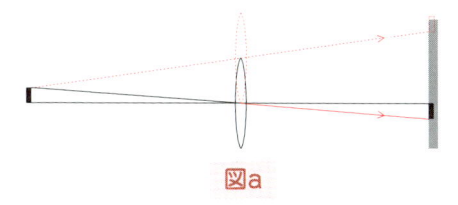

図a

(5) レンズの上半分を紙でおおうときもレンズの公式は使えない（a，b，f は不変だから）ので，基本光線の作図で解く。

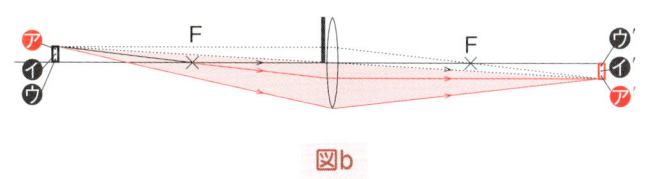

図b

第8章 レンズ　151

図bで，棒の各点㋐㋑㋒から出た光はスクリーン上の㋐'㋑'㋒'に集まる。このとき大切なことは，例えば㋐からレンズに入るすべての光は必ず㋐'の点に集まるということだ。だから，たとえ紙でレンズの上半分がおおわれても，レンズの下半分から出た光が（図bで色をつけた部分のように）すべて㋐'に集まるので，（明るさは半分になるが）㋐'の像は消えることはない。同様に㋑'㋒'そして棒のすべての点から出た光はレンズの下半分を通って必ずスクリーン上に集まり欠けることなく像をつくる。 ③……答

話は横にそれるけど，ドラ○もんに出てくるの○太の眼鏡って近視用の凹レンズ，それとも遠視用の凸レンズかな？ 原作の方では「ねころんでマンガばかり見てるから近視になっちゃった」とあるので，凹レンズとなるけど，映画の中では「メガネで恐竜の手を焼いていた」から凸レンズでしかないよね。また，「眼鏡を外すと目が ε（イプシロン）になる」から凸レンズかとも思えるけど……
　どっちが正しいのだろうか？ 悩ましいこと限りない。

これでレンズも自由自在だね！

Story ④ 凹面鏡・凸面鏡

▶(1) 凹面鏡

　凹面鏡って見たことあるかい。ホテルなどの洗面所にあって，顔がデッカくうつる，毛抜きなどで役立つあの鏡だ。凹面ということから中央部がヘコんでいる。

　顔がデッカくうつるということは……

> 凸レンズのルーペで拡大されるのと似ています。

　そうだ。凸レンズと同様な像ができる。ただし，光線の進み方は凸レンズとは少し異なる。図8のように凸レンズでは，平行光はすべてレンズの後方の焦点Fに集まったね。一方，凹面鏡では平行光は鏡で**反射されて凹面鏡の前方にある焦点Fに集まる**んだ。

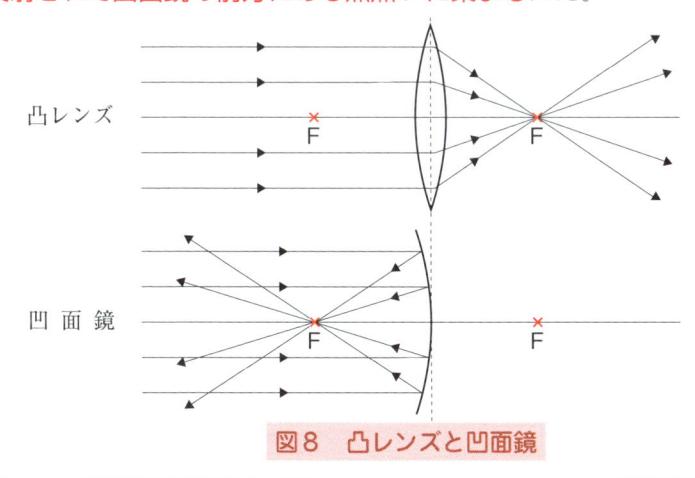

図8　凸レンズと凹面鏡

> 何だか凹面鏡の反射光って，凸レンズの通過光を鏡に関してただ折り返しただけに見えます。

　スバラシイ！　そこさえ分かってしまえば，凹面鏡はすべて凸レンズの知識を流用して解けてしまうんだ。

第8章　レンズ

▶(2) 凸面鏡

キミの家のなるべくピカピカなスプーンを見てほしい。スプーンの背の丸いところに顔をうつすと……，

> あっ顔が小さくうつります。でも上下はひっくり返っていないや。

そうだ。凹レンズと同様な像ができるね。

ただし，光線の進み方は少し異なる。図9のように，凹レンズでは平行光はすべて，凹レンズの前方の焦点Fから広がってくるように見えたね。一方，凸面鏡では平行光はすべて，凸面鏡の後方の焦点Fから広がってくるように反射してきている。

これは，凹レンズでの透過光を鏡に関して折り返したものになっているね。

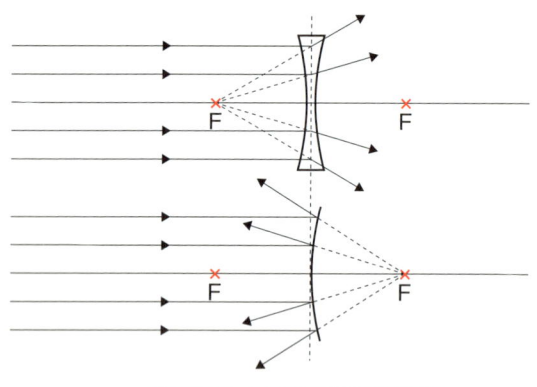

図9 凹レンズと凸面鏡

POINT 4 凹面鏡・凸面鏡

① 凹面鏡：凸レンズでの通過光を鏡に関して，折り返したのと同じ
② 凸面鏡：凹レンズでの通過光を鏡に関して，折り返したのと同じ

チェック問題 3　凹面鏡・凸面鏡　　標準 12分

(1) 焦点距離6cmの凹面鏡の前方15cmの所に，長さ3cmの棒を光軸に垂直に立てた。どこにどんな像ができるか。

(2) 焦点距離15cmの凸面鏡の前方30cmの所に，長さ12cmの棒を光軸に垂直に立てた。どこにどんな像ができるか。

(3) (2)でさらに焦点距離12cmの凸レンズを，凸面鏡の前方50cmの所に置くと，最終的にどこにどんな像ができるか。

解説

(1) まず作図で見当をつけよう。

図aのように平行光は焦点Fに向かって反射すること，および中心で反射する光は上下対称に反射することを押さえると，倒立した実像P′が生じることが分かる。

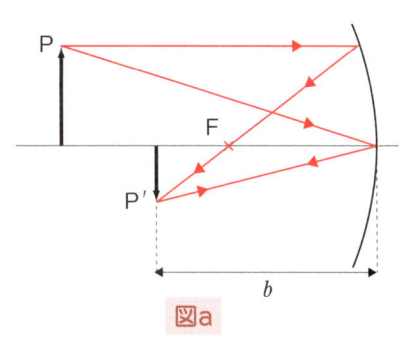

実像P′の凹面鏡からの距離をbとすると，《レンズの統一公式》(p.146)で実光源，実像，凹面鏡＝凸レンズより，
$a=+15$，$b>0$，$f=+6$から，

$$\frac{1}{15}+\frac{1}{b}=\frac{1}{6} \quad \therefore \quad b=+10$$

図a

よって，凹面鏡の前方10cm 答 に，
倍率公式(p.144)で，

倍率 $M=-\dfrac{10}{15}=-\dfrac{2}{3}$ 倍

よって，倒立した長さ $3\times\dfrac{2}{3}=2\mathrm{cm}$ の実像ができる……答

第8章　レンズ

(2) **図b**のように**平行光はFから出てくるように反射する**こと，および中心で反射する光は上下対称に反射することを押さえると，凸面鏡の後方に正立した虚像P'ができることが分かる。

虚像P'の凸面鏡からの距離をbとすると《レンズの統一公式》(p.146)で実光源，虚像，**凸面鏡＝凹レンズ**より，$a=+30$，$b<0$，$f=-15$から，

$$\frac{1}{30}+\frac{1}{b}=\frac{1}{-15} \quad \therefore \quad b=-10$$

よって，凸面鏡の後方10cm **答** に，

倍率 $M=-\dfrac{-10}{30}=+\dfrac{1}{3}$ 倍

よって，正立した長さ $12\times\dfrac{1}{3}=4$cm の虚像ができる……**答**

(3) **図c**のように凸面鏡で反射した光はすべて，像P'から広がってくるように見えるのでP'を**凸レンズにとっての光源**と見なすのがポイント。

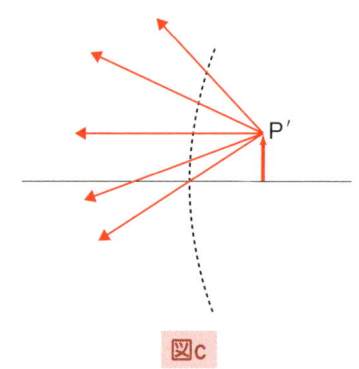

つまり，**図d**のように凸レンズの右方 $10+50=60$cm に大きさ4cmの光源P'を置いたのと同じになる。

《レンズの統一公式》(p.146)より，

$$\frac{1}{60}+\frac{1}{b'}=\frac{1}{12} \quad \therefore \quad b'=+15$$

よって，凸レンズの前方15cm **答** に，

倍率 $M=-\dfrac{15}{60}=-\dfrac{1}{4}$ 倍

よって，倒立した長さ $4\times\dfrac{1}{4}=1$cm の実像ができる……**答**

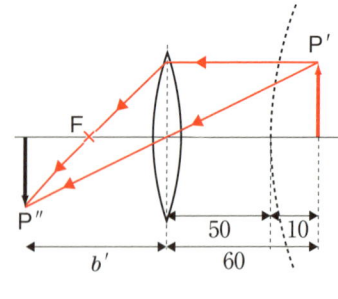

図b

図c

図d

● 第8章 ●
ま と め

1 レンズはプリズムの集合体
  ① 平行光を焦点Fに集めるのが凸レンズ
  ② 平行光を焦点Fから広げるのが凹レンズ

2 レンズの3種の基本光線と像
  ① 光線1 平行光 光線2 中心光
     光線3 光線1 の逆行
  ② 点光源のつくる像
     凸レンズ $\begin{cases} a>f \text{(カメラ型) 倒立実像 (実際に光が集まる)} \\ a<f \text{(ルーペ型) 正立拡大虚像 (実際に光はなく虚しい)} \end{cases}$
     凹レンズ：必ず正立縮小虚像

3 レンズの統一公式

  ① 写像公式 $\boxed{\dfrac{1}{a} + \dfrac{1}{b} = \dfrac{1}{f}}$

  ② 倍率公式 $\boxed{M = -\dfrac{b}{a}}$ $\begin{cases} M>0 & \text{正立} \\ M<0 & \text{倒立} \end{cases}$

  符号の約束 $\begin{cases} \text{凸レンズは } f>0, \text{凹はレンズ } f<0 \quad \text{凹むとマイナス} \\ \text{実光源は } a>0, \text{虚光源は } a<0 \\ \text{実像は } b>0, \text{虚像は } b<0 \end{cases}$ 虚つくとマイナス

4 凹面鏡・凸面鏡
  ① 凹面鏡＝凸レンズ＋反射
  ② 凸面鏡＝凹レンズ＋反射

第9章 波の干渉

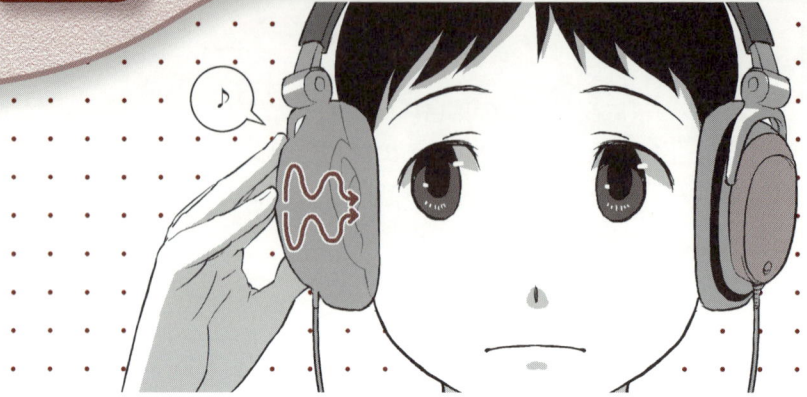

▲干渉で雑音を打ち消すヘッドフォンが大人気

Story ① 干渉の大原則

▶(1) 干渉って何？

干渉（かんしょう）って，どんなイメージをもつ言葉？

「親がいちいち干渉してきてうるさいんだよね。自分の進路なのにひとりで決めさせてよ。」

「我が国の内政に干渉しないでくれたまえ！」……

> どれも，何かの上に他の何かが乗っかってきて，影響を与えようとしているよね。

その通りだ。ここで見る波の干渉というのも，**波どうしが重なり合って強め合ったり，または弱め合ったりする現象**なんだ。さらに，これまでに見た定常波(p.42)，うなり(p.64)も広い意味での干渉だよ。定常波では，「腹」で強め合い，「節」で弱め合う。うなりでは，周期的に強め合ったり，弱め合ったりしたよね。

158　物理の波動

> **POINT 1** 干渉とは
>
> 波どうしが重なって，強め合ったり，弱め合ったりする現象
> ➡ **定常波**や**うなり**もその一種

▶(2) まずはこのイメージから

いま，**図1**のように，波1つない十分広いプールがある。

その中で，ある2点S_1, S_2を同じタイミング(**同位相**という)で「チャポチャポ」とたたいていく。このとき，**図1**の点Pにおもちゃのボートを浮かべたら，そのボートは激しく振動するかい。それとも，全く揺れないかな。

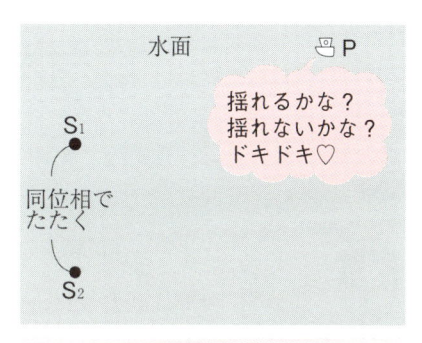

図1　水面の2点S_1, S_2をたたくと

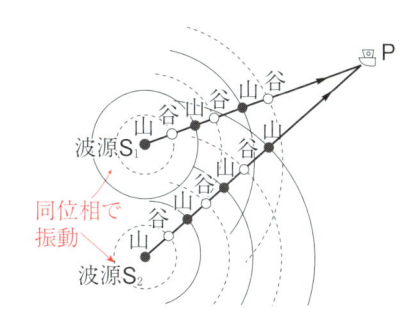

では，実際にたたいてみると，**図2**のような波紋(波面)ができるね。S_1, S_2を中心とする同心円状の波面は，実線が山，点線は谷としよう。このとき，線分S_1P上で見てみると，山(●で表す)と谷(〇で表す)が交互に並んだ列が見える。この山と谷の列はこのあと，点Pへ向かってドドドッと突進していくね。線分S_2P上でも同様だ。

図2　山(●)谷(〇)の列がPへ向かっていく

ここでもし，S_1から来た山とS_2から来た山どうし，またはS_1から来た谷とS_2から来た谷どうしのように，同じ形の波が点Pで同時に出

第9章　波の干渉　159

会えれば，2つの波は強め合えることが分かるね。
　一方，S_1，S_2から山と谷の逆の形の波が点Pで同時に出会ってしまうと，2つの波は弱め合ってしまうんだ。
　要は「点Pでの山（●）と谷（○）の出会いのタイミング」が強め合うか，弱め合うかを決めるんだね。
　ここまでの話は大丈夫かな？

▶(3)　強め合う条件

　いま，図3のように，S_1から山（●），S_2からも山（●）が同時にスタートしたとしよう。さて，この2つの山のどちらが先に点Pにたどりつく？

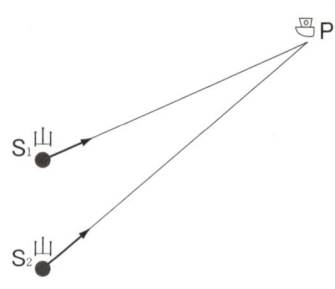

図3　よーいドン！

> そりゃー，距離の近いS_1からの波が先に点Pにつきますよ。

　そうだね。では，図3でS_1からの山と同時に出会えるのは，線分S_2P上のどこにいる波だろう？

> えーと，図4のように点Pから見て，S_1と同じ距離にいる点S_2'です。

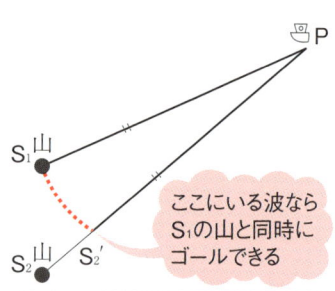

ここにいる波ならS_1の山と同時にゴールできる

図4　S_1とS_2'の波は同時ゴール

　では，そのS_2'に山または谷のどちらの波がいてくれると，点Pで強め合うことができるかな？

> S_1に山がいるから，S_2'にも同じ山です。

激しく振動

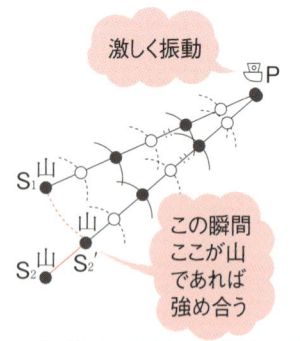

この瞬間ここが山であれば強め合う

図5　強め合うための条件

そうだね。図5のように，S_2'に山がいてくれれば，点Pで同じ山どうしが重なって強め合えるね。

図5では，いま山と山どうしが重なって，点Pは盛り上がっている状態だね。そして，次は谷と谷どうしがやってきて，点Pはものすごくへコんだ状態になるね。さらに，次に山と山がやってきて，点Pは再び盛り上がる！　すると……，

> 点Pは「グァッシャングァッシャン」と激しく振動しますね〜。

そうなんだ。音だったら大きな音が聞こえるし，光だったら明るくなるね。もとの振幅の2倍で振動することになるからね。

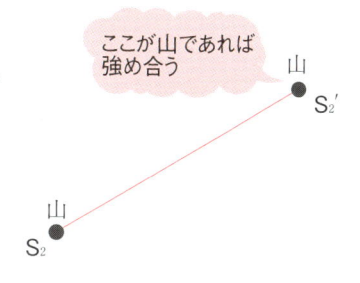

図6　図5の$S_2 S_2'$上に注目

さて，強め合うにはS_2'に山がいてくれることが必要と分かったけど，このとき，図5の$S_2 S_2'$上に注目してみよう。図6のように，S_2に山，S_2'にも山がいてくれるためには，$S_2 S_2'$間にどのように波が入っていればいいかなあ？　一例を挙げてみて。

> できました。図7です。

いいぞ。で，$S_2 S_2'$間に，ちょうど何個の波が入っているかい。

> ちょうど2個です。

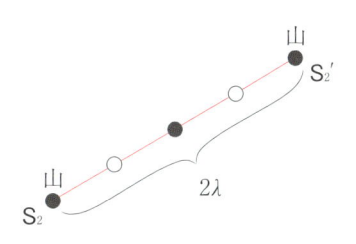

図7　S_2で山S_2'で山となる$S_2 S_2' = 2\lambda$の例

そう，同様に$S_2 S_2'$間にちょうど1個，2個，3個，……，一般に整数 m 個の波が入ると強め合うんだ。式でいうと，$S_2 S_2' = m \cdot \lambda$ だね。

第9章　波の干渉

ところで，S_2S_2'は図5よりS_1PとS_2Pの道のりの差（これを行路差という）に等しいから，$S_2S_2' = S_2P - S_1P$と表せるね。以上より，

> 強め合う条件 ➡ 行路差 $S_2P - S_1P = m \cdot (波長 \lambda)$

となる。

▶(4) 弱め合う条件

図5とは逆に，図8でS_2'に今度は谷がいると，点Pで山と谷が同時に重なり打ち消し合って全く振動しない振幅ゼロの状態になるね（音だったら無音だし，光なら真っ暗だ）。

S_2'に谷がいるためには，たとえば，図9のようにS_2S_2'間に1.5個の波長λが入ってくれることが必要になる。

同様に，S_2S_2'間に**0.5個**，1.5個，2.5個，……，一般にmを整数として$m \pm \frac{1}{2}$個の波長λが入ると，弱め合うんだ。

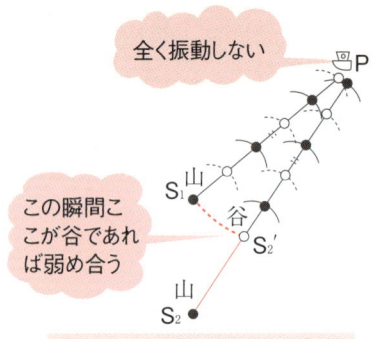

図8 弱め合うための条件

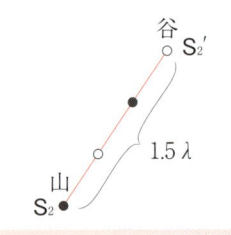

図9 S_2で山S_2'で谷となる $S_2S_2' = 1.5\lambda$の例

式でいうと，$S_2S_2' = \left(m \pm \frac{1}{2}\right) \cdot \lambda$だね。$S_2S_2'$は図8より$S_1P$と$S_2P$の行路差だから，

> 弱め合う条件 ➡ 行路差 $S_2P - S_1P = \left(m \pm \frac{1}{2}\right) \cdot (波長 \lambda)$

となる。

以上，強め合いと弱め合いの条件をまとめてみよう。

> **POINT 2** 《干渉の原則1》（基本）
>
> 同位相の波源 S_1，S_2 から出た波が点 P で重なるとき，
>
> 強め合う条件 ➡ 行路差 $S_2P - S_1P =$（整数 m）×（波長 λ）
> （振幅2倍）
>
> 弱め合う条件 ➡ 行路差 $S_2P - S_1P = \left(\text{整数 } m \pm \dfrac{1}{2}\right) \times$（波長 λ）
> （振幅0）
>
> ※道のりの差の中に（波長 λ の波）が何個入るかで，干渉条件が決まる。

2つの波の道のりの差が命だね！

第9章　波の干渉

▶(5) S_1とS_2が逆位相のときは大ドンデン返し

POINT 2はあくまでも波源S_1, S_2が同位相のときの条件だったんだ。じつは，波源S_1, S_2が逆位相（たとえば，S_1が山のとき，S_2は谷となる）のときは，**図10**のように，S_2P側の山と谷がすべてひっくり返るので，強め合う条件と弱め合う条件が完全に入れかわるんだ。

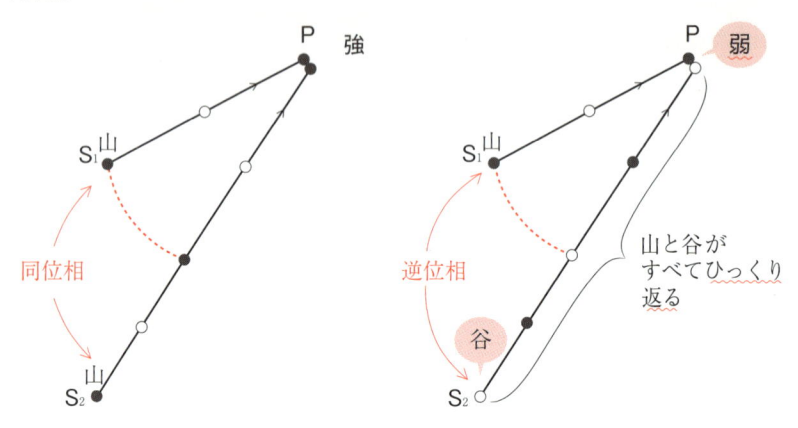

図10 S_1とS_2が逆位相のとき

POINT 3 《干渉の原則2》（S_1とS_2が逆位相のとき）

S_1とS_2が逆位相のときは，
強め合う条件 ➡ 行路差 $S_2P - S_1P = \left(整数\ m \pm \dfrac{1}{2}\right) \times （波長 \lambda）$

弱め合う条件 ➡ 行路差 $S_2P - S_1P = （整数\ m） \times （波長 \lambda）$

S_1とS_2が同位相のときと条件が逆転している。

チェック問題　干渉の原則　　　易 6分

xy 平面上の2点 $S_1(-30, 0)$,
$S_2(30, 0)$ に置かれた小さいスピー
カーからともに波長 $\lambda = 40$cm の
音波が同位相で等方的に出ている。
（単位は cm）

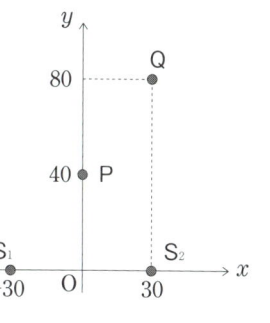

(1) 図のP，Qの各点で波は強め
合っているか，弱め合っている
か。
(2) 線分 S_1S_2 上で波が強め合っている点はいくつあるか。
(3) 波が強め合っている点をつなぐとどのような形になるか。
(4) もし，S_1，S_2 が逆位相であると(1)はどうなるか。

解説　あの〜　音も干渉するんですか？　音は縦波ですよね。

もちろん！　音に限らず横波でも縦波でもすべての波は干渉するよ。
POINT 2 (p.163)を使ってみよう。

(1) 波長 $\lambda = 40$cm として，点Pまでの行路差は 3 : 4 : 5 の比の有名三角形の性質を利用して長さを求めて，

$S_2P - S_1P = 50 - 50 = 0 = 0 \cdot \lambda$（波長の整数倍）

0も立派な整数

よって，点Pでは，山と山どうし谷と谷どうしがいつも同時に出会うので強め合う。　……答

一方，点Qまでの行路差は，$S_2Q - S_1Q = 80 - 100 = -20 = -\dfrac{1}{2}\lambda$

あれ！　行路差がマイナスになっちゃった。どうすればいいの？

プラスだろうが，マイナスだろうが，整数$\pm\frac{1}{2}$倍なら弱め合いだよ。

別に，**-1，-2，-3，-4，……だって立派な整数**でしょ。

よって，点Qでは，山と谷が同時に出会ってしまうので弱め合う。

……**答**

(2)
> どこから手をつければよいのか分かりません。

このタイプの問題を苦手にしている人は多いね。ひと言アドバイスすると，

> 干渉のコツ

迷ったら，**まず** 行路差０からはじめ，**次に** １つひとつ行路差を増やせ！

だよ。**図a**で，**まず**

$S_2P - S_1P = 0$となるのは，S_1とS_2の中点となる㋐原点O(0, 0)とすぐ分かるね。

次に 小さい行路差

$S_2P - S_1P = 1\cdot\lambda = 40$cm となる点を，**図a**の中から探してみて。

> えーと，$S_2P = 50$，$S_1P = 10$となる。そう，㋑(-20, 0)です。

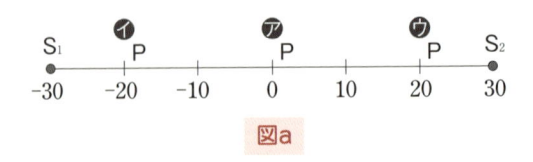

そうだね。対称性より，$S_2P - S_1P = 10 - 50 = -40 = -1\cdot\lambda$となる点である㋒(20, 0)でも強め合うね。

次に 小さい行路差，$S_2P - S_1P = 2\cdot\lambda = 80$cm となる点は？

行路差80cm？　だって，S_1とS_2が60cmしか離れていないのにそんな点を探すのはムリです。

そうだね。すると，以上のア～ウの3つだけになるね。……**答**

POINT 4《干渉の考え方のコツ》

① まずは行路差0の点から考えはじめよ！
② 次に行路差±1・λ，±2・λ，±3・λ，……と具体的に考えていく。
③ さいごに限界で止める。

(3) まずは数学的なこの知識から

POINT 5　双曲線

　ある2点 S_1，S_2 からの距離の差（行路差）が等しい点をつなぐと双曲線という曲線になる。**とくに行路差＝0となる線は，線分S_1S_2の垂直二等分線となる。**
　また，行路差が逆符号どうしになる2つの線は左右対称の曲線どうしになる。

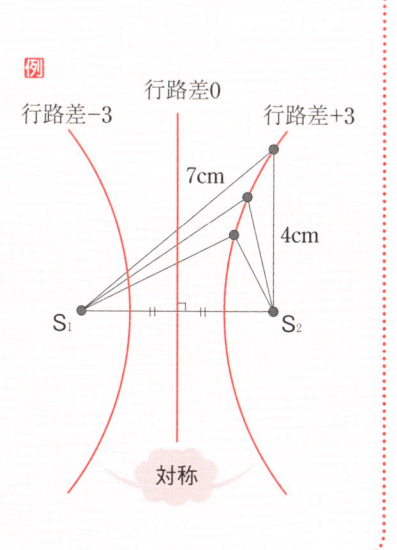

例
行路差−3　行路差0　行路差+3
7cm
4cm
S_1　　S_2
対称

なんか阪神タ○ガースのマークみたいですね。

何おもろいことを言うてまんねん（笑）　で，いまの場合は《干渉の考え方のコツ》より，図bにおいて，まず行路差0の強め合う線がS_1S_2の垂直二等分線となるy軸上に1つできるね。

次にp.166(2)のイウを通る左右対称な行路差$\pm 1\cdot\lambda$の双曲線ができる。

それより大きい行路差での強め合いはムリなので，以上，図bの3本が答となる。

S_1とS_2が逆位相になる場合は，POINT3（p.164）を使うんだ。

(4) (1)とは強め合いと弱め合いの条件が逆転するので，点Pで弱め合い（山と谷が同時に出会ってしまう），点Qで強め合う（山と山，谷と谷どうしが同時に出会える）。……答

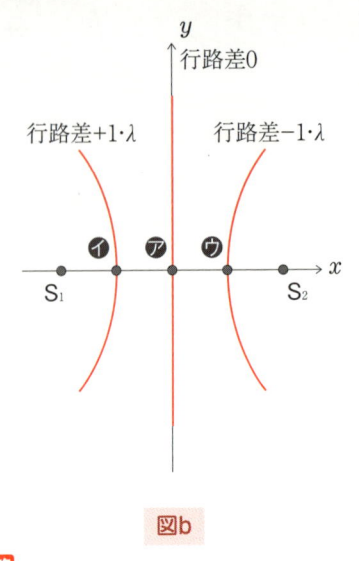

図b

この干渉も，ドップラー効果に次いで生活に応用されているね。最近のヘッドホンには，雑音をマイクで拾って，わざとそれとは逆波形の音をイヤホン内のスピーカーから出して打ち消すというノイズキャンセリングヘッドホンが人気だね。高級な製品になると地下鉄内でクラシックが楽しめるというから驚きだ。

次の章は光の干渉の具体例だ！

● 第9章 ●
まとめ

1 干渉とは
　2つの波源からの波が重なり，強め合ったり，弱め合ったりする現象。
　定常波やうなりも干渉の一種。

2 干渉の原則1
　S_1, S_2が同位相波源のときmを整数，λを波長として，

$$\text{行路差}\quad S_2P - S_1P = \begin{cases} m \cdot \lambda & \text{強め合う} \\ \left(m \pm \dfrac{1}{2}\right) \cdot \lambda & \text{弱め合う} \end{cases}$$

道のりの差が命

3 干渉の原則2　逆位相波源のとき
　S_1S_2が逆位相波源のときは，**2**の強め合い，弱め合いの条件が逆転する。

4 《干渉の考え方のコツ》
　まず，何よりも先に行路差0の点から考えはじめ，
　次に，±1・λ，±2・λ，±3・λ，……と具体的に考えていき，
　　　限界で止める。

第10章 光の干渉（スリット型）

▲物理的には，白は最も汚れた色

Story ① スリット型干渉に入るための準備

▶(1) 回折，そして干渉

第9章で見たように，2つの波源 S_1，S_2 から出た波が点Pで強め合うか弱め合うかは，

「行路差 $S_2P - S_1P$ が波長 λ の何倍になるか」

のみで決まったね！

そこで，この波の干渉を，光波についても見ていこう。

まず，図1のように，狭いすき間（スリット）S_0，S_1，S_2（S_0S_1 と S_0S_2 は等距離とする）でできた装置に，光波が入ってきたとしよう。

「狭いすき間」と言えば何を思い出す？

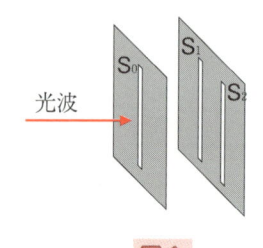

図1

170　物理の波動

回折です。p.118でやりました。今の場合，図2の断面図の S_0 から広がった波は，S_1, S_2 に同位相で入っていきます。

OK。さらに，S_1, S_2 に同位相で入った波も，図3のように，それぞれで回折して広がるね。するとそれらの波はどうなるかい？

図2　図1の断面図

あ！ S_1, S_2 から同位相で出た波どうしは，まさに重なって，干渉します。まるで p.159の**図2**のようです。

すると，それらの光波をスクリーン上で重ねると，強め合う点では明るくなり，弱め合う点では暗くなるね。

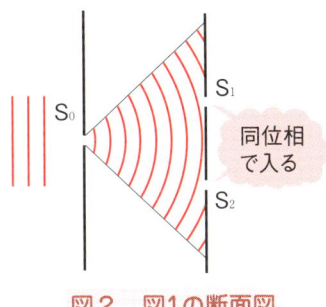

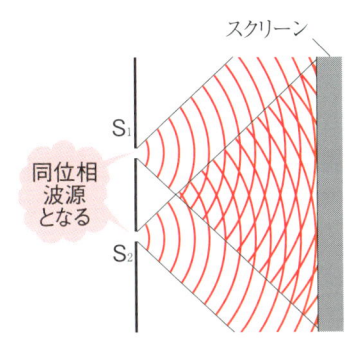

図3　S_1, S_2 からの光波が干渉

本章では，まず回折して，次に干渉というタイプ（スリット型）の光の干渉の問題を見ていくよ。

とりあえずその前に，光の色と波長に関する必須知識についてまとめておこう。

POINT1　スリット型干渉

| まず | 狭いすき間（スリット）で回折し， |
| 次に | 複数のスリットから出た光どうしがスクリーン上で干渉する。 |

第10章　光の干渉（スリット型）

▶(2) 常識としたい可視光の色と波長

　第7章で見たように，光は電磁波の一種で，その中で特に我々の目に見える（網膜の視細胞を刺激する）波長の範囲にある光を可視光という。

　可視光の波長λの範囲は，おおよそ

$$\lambda = 3.8 \times 10^{-7} \text{m} \sim 7.8 \times 10^{-7} \text{m}$$

となる。これは，覚えておこう（理系の常識としておこう）。

> うぁ～！　ずいぶんと短い波長ですね。1000万分の1メートルですか。とても細か～い波なんですね。

　そうだね。音の波長が数十cmあったことと比べると雲泥の差だね。目に見える光の範囲がいかに狭いか分かるかい？

　私たちは，空間を飛び交う様々な波長の電磁波のうち，ごくごくわずかな範囲の可視光という電磁波を目で受けて，この全世界を感じとっているんだよ。そして，そのわずかな範囲の光の波長を，何百万色という色におきかえて景色を豊かに楽しんでいるんだ。

> へ～，生物の目と脳って，すごいんですね。

　ここで，おもな色と波長の対応関係を表にしておこう。色の並ぶ順番は必ず覚えておいてね。試験に出てくるよ。

> 色の順番は虹と同じ並び順だよ。

POINT2 可視光の色と波長

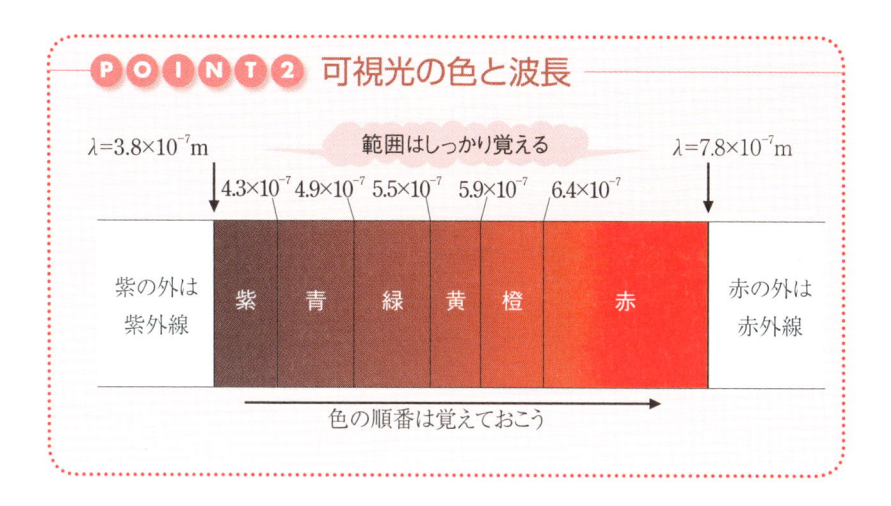

$\lambda = 3.8 \times 10^{-7}$ m　　範囲はしっかり覚える　　$\lambda = 7.8 \times 10^{-7}$ m

4.3×10^{-7}　4.9×10^{-7}　5.5×10^{-7}　5.9×10^{-7}　6.4×10^{-7}

| 紫の外は紫外線 | 紫 | 青 | 緑 | 黄 | 橙 | 赤 | 赤の外は赤外線 |

色の順番は覚えておこう

▶(3) 白って最も汚れた色ってホント？

> あの〜，POINT2 の色の中には，白や黒は入ってないんですけど？

いいかい！　黒は何も光が来ないこと，暗いのと同じ。

> 白は？

白は，じつは，すべての色の光が同時に来ることなんだ。

> え〜？　すべての色が混ざればレインボー！　虹色じゃないの？

いいや。白だ。たとえば，ケータイの画面の白い部分に水を1滴つけて見てごらん。すると，白色と思った部分が……

> あ！　赤と緑と青のランプが同時についてます！

そして，水滴をふきとると

第10章　光の干渉（スリット型）　173

> あ！　白色に見えます！

　そうなんだ。我々の脳は，すべての波長の光を受けとると，それを「白」と感じてしまうんだ。白い蛍光灯を見てごらん。そこからキミの目には，赤や青や黄や緑，ごちゃまぜに，いろいろな色の光がやって来ているんだね。白色は，物理学的には「最もごちゃごちゃで汚れた色」なんだ。「純白のウェディングドレス」というのは，ちょっとオカシイ？（笑）
　一方，特定の波長のみを含む光を単色光（たんしょくこう）という。単色光はその波長の色に色づいて見えるよ。

POINT 3　単色光と白色光（はくしょくこう）

単色光……ある特定の色の波長 λ のみをもつ光
白色光……可視光のすべての色の光を含む光

　ここまで準備ができたら，次の問題にチャレンジしてくれたまえ。
　この問題には，スリット型干渉で出題されるあらゆる問題が入っているぞ。

> この1問をマスターすれば点数はグンとアップするよ！

チェック問題 ① スリット型干渉　　標準 30分

　Qは波長 λ の単色光源，W_0 はスリット S_0 をもつスリット板，W_1 は複スリット S_1，S_2 をもつスリット板，S はスクリーンであり，W_0，W_1，S は互いに平行である。S_1，S_2 は S_0 から等距離にあり，S_1 と S_2 の間隔は d である。Q と S_0 を結ぶ直線は，S_1S_2 の中点を通って S と直角に交わる。この交点 O を原点として，スクリーン上に上向きに x 軸をとる。W_0 と W_1 の間隔 l および W_1 と S の間隔 L は，d に比べて十分大きいものとする。

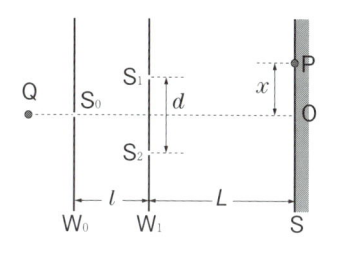

(1) 点 O は明るくなるが，それはなぜか説明せよ。

(2) 点 O から x の位置にある点を P とし，x は L より十分小さいとする。m を整数として，点 P が明線となるための条件式を求めよ。

(3) $L = 50$ cm，$d = 0.53$ mm のとき，干渉縞の間隔は 0.55 mm であった。光源の光の波長 λ は何 m か。

(4) (3)で W_0 と W_1 の間隔を広げると，干渉縞の間隔はどうなるか。

(5) (3)で W_1 と S の間隔を広げると，干渉縞の間隔はどうなるか。

(6) (3)で光の波長 λ を長くする（より赤色に近くなる）と干渉縞の間隔はどうなるか。

(7) (3)で白色光（すべての色の光を含む）を用いるとスクリーン上にはどのような干渉縞が見られるか。

(8) (3)でスリット板 W_1 とスクリーン S の間を屈折率 n の透明な物質で満たすと，干渉縞の間隔は何倍になるか。

(9) (3)でスリット S_0 を上に a（a は l に比べ十分に小さい）だけずらすと，点 O にあった明線が点 O' にずれた。点 O' の点 O

からの距離 h を求めよ。

(10) (3)でスリット S_1 の右側に屈折率 n，厚さ t（t は L に比べ十分に小さい）の透明薄膜を貼ると点Oにあった明線は図の上へ動くか下へ動くか。

解説　スリット型干渉の全パターンが入った超良問だ。十分に研究しよう！

(1) **9.** の **POINT 4**（p.167）で見たように，干渉ときたら まず 何よりも先にすることは？　次に 何を考える？

> ハイ！　まず 行路差0の点を見つけることです。次に 行路差 1λ，2λ，3λ，4λ，……と具体例をつくっていくことです。

いいぞ！　ではいまの場合，スクリーン上で行路差0の点は？

> カンタン！　S_1 と S_2 から等距離の点Oです。点Oでは行路差0で強め合って明るくなります。

この点Oのように，行路差0で強め合って明るくなる……**答** 位置を0次の明線という。

(2) 点Pの位置がちょうど点Oと一致すると，(1)で見たように行路差0で明るくなる（0次の明線）ね。では，x が増え，点Pが上にずれていくと行路差 $S_2P - S_1P$ は大きくなる？　それとも小さくなる？

> 差は大きくなっていきます。

176　物理の波動

そうだね。そこで**図a**のように，行路差 $S_2P - S_1P$ がちょうど 0λ，1λ，2λ，……，$m\lambda$ となるところに，とびとびに明線ができていくんだね。

とくに，**m を整数として行路差が $m\lambda$ となって明るくなる線を「m 次の明線」とよぶ**。式だと，

$$S_2P - S_1P = m\lambda \cdots ①$$

だね。

さて，次は，この行路差 $S_2P - S_1P$ を d や x や L を使って求めよう。ただ，その前に重大な事実を知っておいてほしい。それは，

問題文に与えられた図が，かなり実際と違って，長さがオーバーにかかれていることなんだ。

実際，この実験をやったことある人なら分かるんだけどなぁ…。

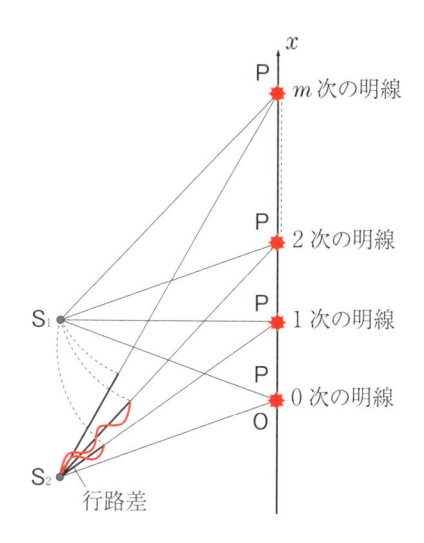

図a　縞のイメージ

> 実験なんてしたこともないですよ。どこがオーバーなんですか，教えて下さい。

いいよ。それは実際の d や L や l，x の長さなんだ。

まず，実際の d の長さは，だいたいなんと

$$\boxed{d = 0.5\,\text{mm}\,!!!!}$$

ぐらいで，キミのシャーペンの芯ぐらい狭いんだ。さらに，縞の見える x の範囲は　$x = 5\,\text{mm}\,!!$　ぐらいで，点Oの付近にチョボチョボとバーコードのような縞が見えるぐらいなんだ。また，**L は $1\,\text{m}$ ぐらい，l は $3\,\text{cm}$** ぐらいの長さがあるんだ。すると，実際に近い図は，**図b**のようになるよ。

第10章　光の干渉（スリット型）

図中のラベル:
- S₁とS₂の間隔 なんと $d=0.5\text{mm}$
- $l=3\text{cm}$
- スクリーンまでの距離 $L=1\text{m}$
- 縞の範囲 5mm
- ページからはみ出す

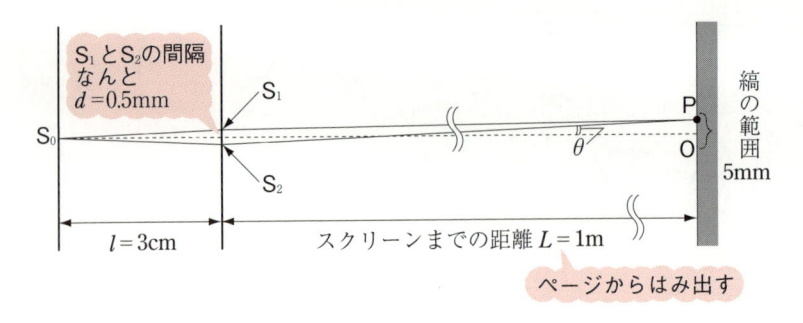

図b

> ヒェー！ ほとんど S_1P と S_2P がくっついちゃって，ほぼ平行。それから S_1P の傾きの角度 θ もメチャクチャ小さ〜い！

ほんとにそうだね。**図b** から大切なことが3つ分かったね。

POINT 4　2スリット型干渉の作図3ポイント

ポイント1　S_1P と S_2P は**ほぼ平行**とみなせる。
ポイント2　傾きの角度 θ は**十分小さい**。
ポイント3　S_0S_1 と S_0S_2 も**ほぼ平行**とみなせる。

さて，この3ポイントを押さえると，S_1 と S_2 付近の拡大図は，**図c** のようになるね。

> 実際の長さを想像してごらん。

178　物理の波動

図c中のラベル:
- ポイント3 ほぼ平行
- ポイント1 ほぼ平行
- ポイント2 小さい
- スクリーン
- S_0, S_1, S_2, P, O
- d, θ, L, x, l
- 行路差 $d\sin\theta$
- x と d は L, l より十分小さいとする

図c

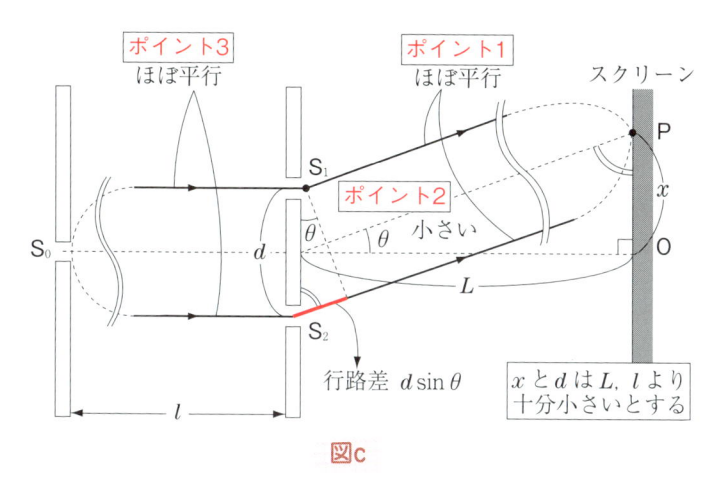

　すると，S_0 から出て，S_1 と S_2 を経由してPに入る光の行路差は，図cの S_1S_2 を斜辺とする傾き θ の直角三角形の底辺となるので，

$$\text{行路差 } S_2P - S_1P = d\sin\theta \cdots ②$$

となるね。では，次にどうやってこの $\sin\theta$ を求めるかだ。そこで，図cで底辺 L，高さ x，傾き θ の直角三角形より，

$$\tan\theta = \frac{x}{L} \cdots ③$$

は分かっているね。②と③をどうやって結びつけたらいい？　　θ は小さいよ。

　θ は小さい…　そうか！　たしか θ が小さいとき，$\sin\theta \fallingdotseq \tan\theta$ としていいというのがあった。p.132でやったぞ。

　よく気づいた。すると②より，

$$\text{行路差 } S_2P - S_1P = d\sin\theta$$
$$\fallingdotseq d\tan\theta$$
$$= d\frac{x}{L} \cdots ④ \quad (\because ③)$$

となるね。この④式を，m 次の明線となる条件式①式に代入して，

$$\text{行路差 } d\frac{x}{L} = m\lambda \cdots ⑤ \quad \cdots\cdots 答$$

(3) ⑤式より明線の点Oからの距離は,

$$x = \frac{L\lambda}{d} \times m$$

ここで，m に $m=0, 1, 2, 3,$ ……の具体値を代入していくと，

$$x=0, \frac{L\lambda}{d}, \frac{2L\lambda}{d}, \frac{3L\lambda}{d}, \cdots\cdots となり,$$

図dのように，間隔は，

$$\Delta x = \frac{L\lambda}{d} \cdots ⑥$$

で，等間隔に並ぶことが分かるね。
⑥より，

$$\lambda = \frac{d\Delta x}{L}$$
$$= \frac{0.53 \times 10^{-3}[m] \times 0.55 \times 10^{-3}[m]}{50 \times 10^{-2}[m]} ≒ 5.8 \times 10^{-7}[m] \cdots\cdots 答$$

（ちなみにこの光は黄色）

(4) ⑥より，$l→$大としても Δx は変わらない。……答

(5) ⑥より，$L→$大とすると Δx も大きくなる。……答

(6) ⑥より，$\lambda→$大とすると Δx も大きくなる（赤い光ほど間隔が広くなる）。
……答

イメージ

図eのように，λの大きい赤い光ほど，同じ $m=1$ 次の明線をつくるのにも，より大きな行路差が必要になってしまう。だから，赤い光の方が，同じ $m=1$ 次の明線であっても，より上の方につくられるんだ。

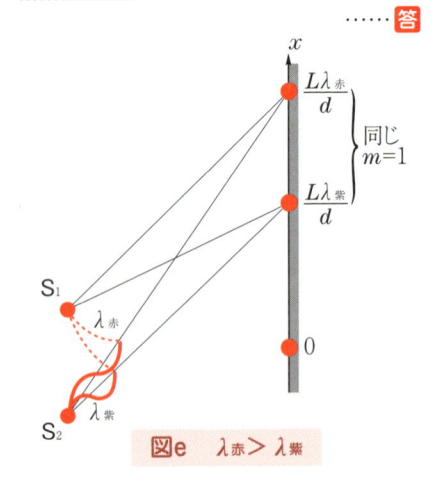

図d

図e $\lambda_{赤} > \lambda_{紫}$

物理の波動

(7) 白色光に含まれる波長 λ の範囲と，色の並ぶ順番は覚えたかい？

> えーと，波長 λ の範囲は忘れました。p.173 を見ると……，$\lambda = 3.8 \times 10^{-7}$m～$7.8 \times 10^{-7}$m で，波長の短い方から，紫青黄緑橙赤 かな？

ちがうぞ，紫青緑黄橙赤だ！ きっちり覚えてくれよ。

ここで，図 e で見たように，同じ $m=1$ の明線であっても，波長 λ の長い赤に近い光ほどより上の方にできるんだったね。

すると，図 f のように，同じ $m=1$ の明線であっても，下から紫青緑黄橙赤の順に明線ができていく。

> あ！ レインボーです！
> 虹の帯ができるんですね。

その通り。$m=2$ 次，$m=3$ 次……でも（重ならない限り）同じだよ。

では，点 O の $m=0$ 次の明線はどうなるだろう。赤だろうが青だろうが，点 O で行路差 0 で強め合うことには変わりはないね。すると，すべての色の光が点 O で強め合うから

> 点 O ではすべての色が重なって，そう！ 元の白色光のままです！

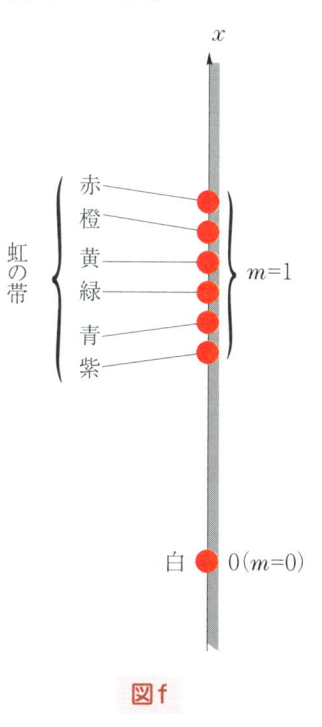

OK！ 以上より，図 f のように点 O に白色，周囲に虹の帯（内から外へ紫青緑黄橙赤と並ぶ）が見える。……答

(8) 屈折率 n の物質を入れると，波長 λ は $\dfrac{1}{n}$ 倍に小さくなるので，⑥より Δx も $\dfrac{1}{n}$ 倍に小さくなる。……答

(9) 干渉ときたら《干渉の考え方のコツ》(p.167) より まず 行路差 0 の点（0 次の明線）を求めるが，今の場合，図g のように，S_0 の位置が上に a だけずれるので，行路差 0 で「同時にゴール」できる点の位置 O' は逆に下にずれる。そのずれを h としよう。

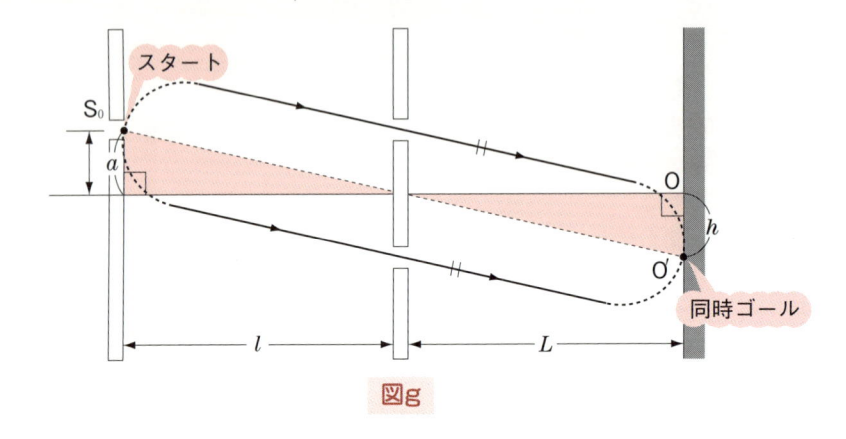

図g

図g で，色をつけた部分の直角三角形の相似比より，
$$a : l = h : L$$
$$\therefore h = \frac{L}{l} a$$

となる。つまり点 O にあった 0 次の明線は $h = \frac{L}{l} a$ だけ下がる。……**答**

また，同様に 1 次，2 次，……，m 次の明線もすべてが下へ $h = \frac{L}{l} a$ だけ下がることが分かっている。

(10) さて，今回も《干渉の考え方のコツ》より， まず S_1 と S_2 からの光が同時にゴールできる点を見つけていこう。まず図h で，S_1 と S_2 をスタートした光は，点 O で同時にゴールできるかな？

図h

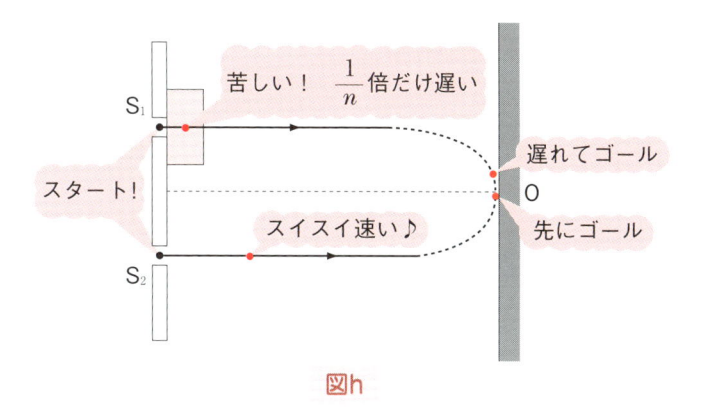

> いいえ，S_1 からの光のほうが，薄膜中で n 分の 1 に遅くなるので，その分だけ遅れてゴールします。

すると，S_1 と S_2 からの光が同時にゴールできる点は，スクリーンの点Oより上の点？　それとも下の点？

> ハイ！　S_1 の方がより「苦しい」ので S_1 にハンデを与えるためにも，点Oより上の点をゴールにしてあげます。
> 図iのように，点O'' にとります。

そうだね。すると， 答 は，上だね。

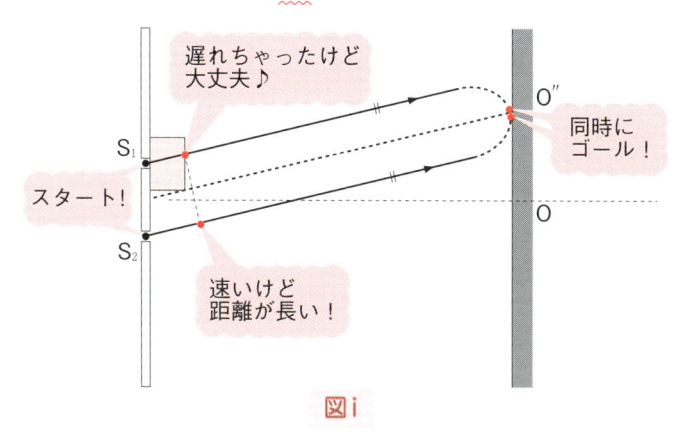

図i

第10章　光の干渉（スリット型）

Story ② 途中で部分的に物質中を通るときは？

▶(1) **チェック問題 ①** (p.175)の⑽で薄膜を貼る問題があったね。

この問題のように，S_1P と S_2P のうち，ある一部分だけ屈折率 n の物質を通る問題では，S_1P と S_2P をそのまま比べることはできなかったんだよね。例えば，**図4**で，$S_1P = S_2P$ だからといって，行路差 $S_2P - S_1P = 0$ で強め合いになっているかい？

> あれ!?　図4を見ると，点Pで2つの波が山と谷で出会って，行路差0なのに弱め合っちゃってる!!

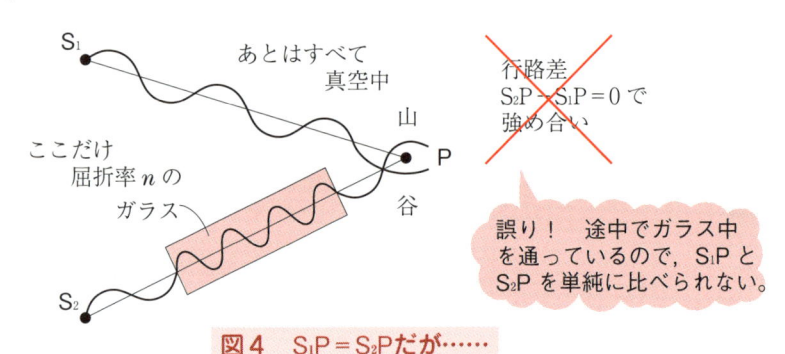

図4　$S_1P = S_2P$ だが……

このように S_1P と S_2P を比べられなくなってしまうのは，真空中での波長が λ であるのに対し，屈折率 n のガラス中では，波長は真空中の $\dfrac{1}{n}$ 倍の $\dfrac{1}{n}\lambda$ になっているためだね。

そこで，いまの場合**図5**のように，ガラス中の長さを，**n 倍の真空中の長さにおきかえて，波長を λ にそろえる**必要があるんだ。

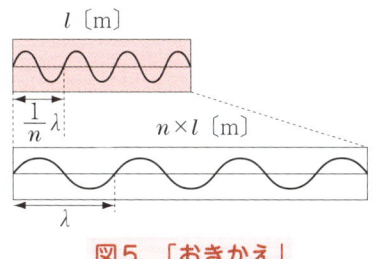

図5 「おきかえ」

この「おきかえ」をすると，**図6**のようにすべての部分で真空中での波長 λ にそろった「正しい図」がかける。この図では，道のりの差は

$S_2'P - S_1P = 5.25\lambda - 2.75\lambda = 2.5\lambda$

となって，確かに弱め合いの条件を満たしていることが分かるね。

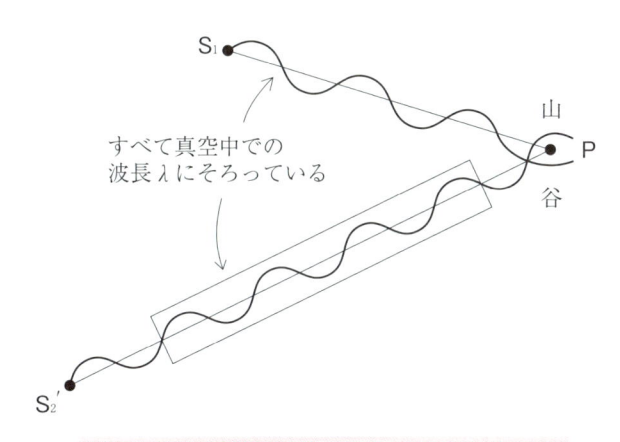

図6 これで単純に比べられるようになった

このように，屈折率 n の物質中 l 〔m〕の長さは，n 倍して，真空中の $n \times l$ 〔m〕の長さに「おきかえ」るんだ。そうすると正しい道のりの差を求められるようになるよ。

「おきかえ」たあとの真空中での長さ $n \times l$ 〔m〕のことを**光学的距離**といい，光学的距離に直したあとの道のりの差のことを**光路差**という。

第10章 光の干渉（スリット型） 185

> 光が「苦し〜い」と叫んだら，カワイソウなのでその部分の長さを，n 倍に長くみなしてあげればいいんですね。

「苦しい中頑張ってるから，ご褒美に n 倍の長さを走っているものとみなしてあげる」とは，いいイメージだね（笑）　このように光学的距離というのは「私たち人間から見た距離」ではなくて，「光の感じる距離」ということなんだね。屈折率 n の物質中では，光の速さは n 分の1に遅くなり，n 分の1に縮んでしまっているから，まわりと同じ真空中の長さに戻すには，n 倍の長さに「おきかえ」てあげるんだね。

POINT 5 《干渉の原則3》（光学的距離への「おきかえ」）

屈折率 n の物質中での l〔m〕の長さ

　　　↓「おきかえ」

真空中での $n \times l$〔m〕の長さ（光学的距離）

光学的距離に直したあとでの道のりの差 $= \begin{cases} m \cdot \lambda \Rightarrow 強め合い \\ \left(m \pm \dfrac{1}{2}\right) \cdot \lambda \Rightarrow 弱め合い \end{cases}$

　　　　（λ は真空中での波長）

注　・光路差：光学的距離に直したあとの道のりの差

区別　↕ 1文字違いで大違い！

　　　・行路差：単なる道のりの差

> 光の感じる長さにおきかえてあげよう。

チェック問題 2 光学的距離への「おきかえ」　標準 6分

p.175の チェック問題 1 の(10)で，明線が上へ動いた距離 h'' を求めよ。

解説　p.183で見たように，S_1 と S_2 からスタートした光が同時にゴールできる点 O'' は，点 O よりも上にあったね。同時にゴールできたということは，光路的距離の差（光路差）$=0$（注 行路差 $=0$ ではない）となるということだね。

図aで，O と O'' の距離を h'' とする。$S_1 O''$ 上に点 S_1' をとり，$S_2 O''$ 上に点 S_2'，S_2'' をとる。

さて，光路差が生じるのは，どの区間かな？

> $S_2' S_2'' = d \sin\theta \fallingdotseq d \tan\theta = d \dfrac{h''}{L}$ の分ですね。
> （θ は小さい　図の直角三角形より）

いいや，それだけじゃないぞ。

> あ！ $S_2 S_2'$ と $S_1 S_1'$ の差もあります。どっちも，ほぼ t〔m〕の長さに見えるけど，$S_1 S_1'$ の長さは，屈折率 n の物質中だから，n 倍して，$n \times t$〔m〕に「おきかえ」てあげます。

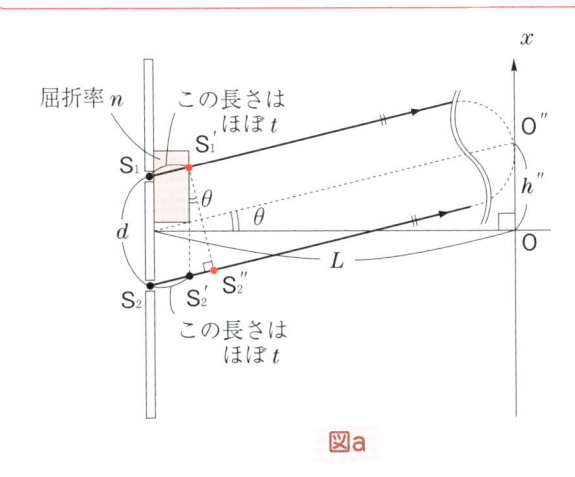

図a

OK！ すると，

光路差 $(S_2S_2' + S_2'S_2'') - n \times S_1S_1'$ 　←光学的距離に直す

$$\fallingdotseq \left(t + d\frac{h''}{L}\right) - n \times t = 0$$ 　←同時にゴール

この式を h'' について解くと，

$$h'' = \frac{(n-1)tL}{d} \quad \cdots\cdots \boxed{答}$$

　この章で出てきた色の話だけど，人間と同じようにフルカラーでモノが見えるのは他にサル・トリ・魚・カエルなどだ。人間とサルは分かるけど，なぜ，トリ・魚・カエルまでもフルカラーで見えるのか。まず，体の色が熱帯魚とかクジャクとか，カラフルだよね。やはり色で相手を識別するために必要なんだろうね。

　一方，イヌ・ネコ・ウシ・ウマなどは，フルカラーで見えないらしい。カラフルなイヌ・ネコなんていないでしょ（飼い主が着せているけど（笑））。

　さらに，紫外線が大好きなのが昆虫，特にミツバチは，紫外線（ブラックライト）によって浮かび上がる花の蜜の通り道（蜜腺）をたよりに，蜜を集めているらしい。

　逆に，赤外線を利用して生きている動物にガラガラヘビがいる。砂漠にいるガラガラヘビの一種でサイドワインダーという名のヘビは，夜の時間帯に起き出して，「赤外線暗視スコープ」でもって狩りをするんだ。

　ちなみに，私たちの使っているテレビなどのリモコンは，その先から赤外線を出して信号を送っている。じつはなんと，その信号を見る，つまり「赤外線を見る」方法があるんだ。それは，ケータイのデジカメモードでリモコンの先を見ることだ。赤外線が何色に「見える」かは，実際に見てのおたのしみ。　やってみて，びっくりするよ！

● 第10章 ●
まとめ

1 スリット型干渉
　まず　狭いすき間（スリット）で回折する。
　次に　その回折光どうしが干渉する。

2 可視光の色と波長
　$\lambda = 3.8 \times 10^{-7}$ m　　　　　　　　$\lambda = 7.8 \times 10^{-7}$ m

| 紫 | 青 | 緑 | 黄 | 橙 | 赤 |

すべての波長（色）の光を含むと「白色光」になる。

3 2スリット型干渉の作図3ポイント
① S_1P と S_2P はほぼ平行　➡　行路差 $d\sin\theta$
② 傾きの角度 θ は十分小さい　➡　近似 $\sin\theta \fallingdotseq \tan\theta$
③ S_0S_1 と S_0S_2 もほぼ平行

以上より，行路差 $S_2P - S_1P = d\sin\theta \fallingdotseq d\tan\theta = d\dfrac{x}{L}$ となる
　　　　　　　　　　　　　　①より　　②より

4 光学的距離《干渉の原則 3》
　屈折率 n の物質中 l [m] は真空中の長さ $n \times l$ [m]（光学的距離）に「おきかえ」てから道のりの差（光路差）をとる必要がある。

第10章　光の干渉（スリット型）

第11章 光の干渉（反射型）

▲シャボン玉がきれいなのはどうして？

Story ① 反射と干渉条件

▶(1)　シャボン玉の色

　「シャボン玉って，どうしてあんなに色づいてきれいなのか分かる人いる？」小学生のころ学校の先生がみんなに質問したんだ。
　ボクは堂々と「ハイ！」と手を挙げ，幼稚園のころからあたためていた自分の説を発表したよ。「シャボン玉の液は人の息に触れると変色するんです。その化学反応は……」なんてことを3分ぐらい演説したところで，先生に「ハイ，次の人」って，打ち切られてしまったよ。悔しかったね。
　では，リベンジだ。ここでは，シャボン玉のような反射の入った（反射型）干渉について見ていくことにしよう。

190　物理の波動

▶(2) 光波にも自由端反射・固定端反射がある。

　光波も波であるからには反射の際，自由端反射（p.34），または固定端反射（p.36）のどちらかをするんだ。

　自由端反射では，入射波は上下ひっくり返らず（山谷逆転しない：位相のずれなし），反射波になったね。一方，固定端反射では，入射波が，まず上下ひっくり返されて（山と谷が逆転して：位相のずれ π），そして反射波になったね。光でも全く同じなんだ。

> でも，光波は目に見えないから，端で「固定」されているのか，「自由」なのかが，よく分からないんじゃないですか？

　確かにね。じつは，端（異なる媒質どうしの境界面）で光が反射するとき，**自由端反射するか，固定端反射するかは，異なるそれぞれの媒質の屈折率**(p.115)**の大小関係で決まる**ことが知られている。

　なぜ，こう決まるかは，大学の電磁気学の範囲なので，ここでは自由端・固定端の判定法を「光の気持ち」というイメージで伝授しよう。

　図1のように，大きな屈折率（例えばガラス）の媒質中を通ってきた光が，小さな屈折率（例えば空気）の「壁」に出会って反射するよ。

　このとき，「光の気持ち」になると，まるで空気というやわらかい壁（エアクッション）でフンワリ♡とはね返る感じがするね。

　このときが自由端だ。

　「**ヤワラカクてフンワリ♡自由だ〜**」というイメージをもとう。

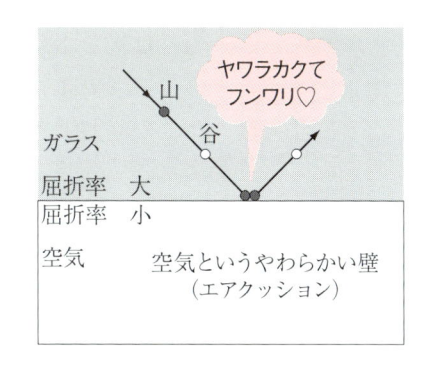

図1　光の自由端反射

逆に，**図2**のように，小さな屈折率（たとえば空気）の媒質中を通ってきた光が，大きな屈折率（たとえばガラス）の「壁」に出会って反射している。

このとき，やはり「光の気持ち」になると，まるでガラスの固〜い壁に頭をゴツ〜ンとぶつけてイタイ！ とはね返される感じがするね。

このときが固定端だ。
「固クてイタイ！」とイメージしよう。

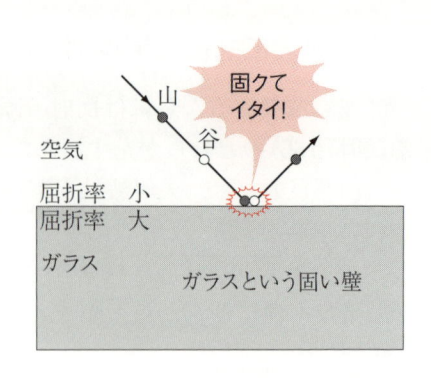

図2　光の固定端反射

▶(3)　屈折では絶対に山谷逆転しない

(2)で「固クてイタイ！」ときに，固定端反射して山谷逆転すると言ったけど，これはあくまでも反射するときのみ。屈折するときはどんなときでも絶対に山谷逆転はしないよ。

たとえば，**図3**のように，空気中からガラス中に光が入るときは，確かに「固クてイタイ！」だね。しかし，**第7章**の(p.114)で見たように，波長が縮むだけで，山谷は逆転しないんだ。

特に間違えやすいところなので，十分に注意しよう。

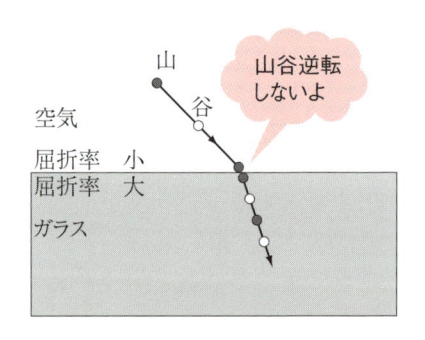

図3　屈折では山谷逆転しない

> **POINT 1** 光の自由端・固定端反射の判定法
>
> 光が { フンワリ♡ ➡ 自由端反射（山谷逆転しない）
> 　　　 イタイ！ ➡ 固定端反射（山谷逆転する）
>
> 注　屈折では，絶対に山谷逆転しない。

▶(4) 固定端反射による干渉条件の逆転

固定端反射で「山谷逆転」すると，干渉条件に大ドンデン返しが起こるんだ。いま，2つの光源 S_1, S_2 から光が同位相で出ているとする。そのうち，S_1 からの光だけ反射をして，やがて，点Pで出会うという反射の入った干渉を考えてみよう。

まず，自由端反射（フンワリ♡）では，図4のように，光路差が1波長分で強め合うという通常の干渉条件となるね。

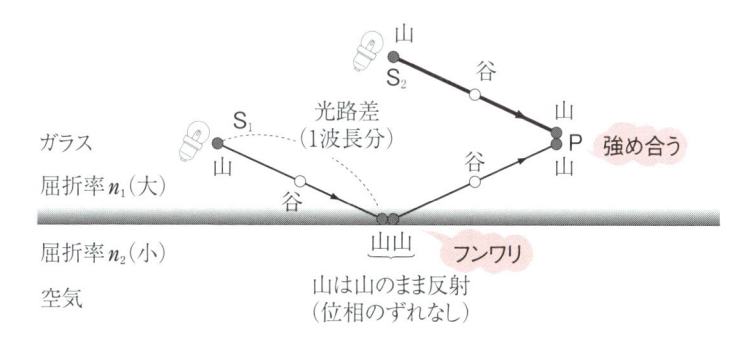

図4　自由端反射と干渉条件

一方，図5のように，固定端反射（イタイ！）では，反射後の山と谷がすべてひっくり返るね。その結果，図4では，山と山で強め合えていたが，図5では山と谷の弱め合いとなってしまっているね。図5の場合，光路差が1波長分であるにもかかわらず，弱め合いになってしまっているね。つまり，強め合いと弱め合いの条件が逆転してしまうんだ。

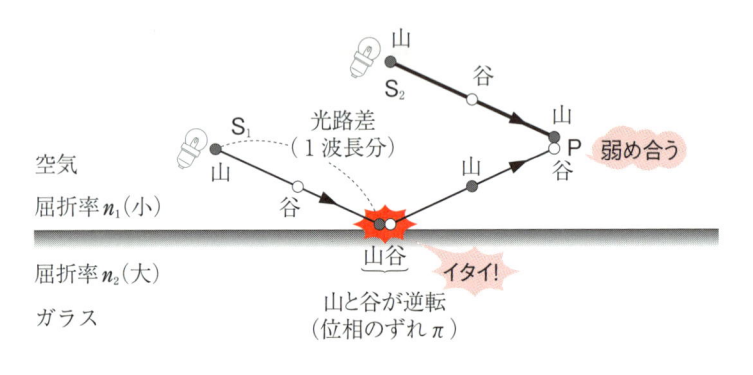

図5　固定端反射と干渉条件

POINT2　《干渉の原則4》（反射のあるとき）

固定端反射が奇数回あるとき，
<u>イタイ！</u>　屈折はダメ

　　　強め合いの条件と弱め合いの条件が逆転する。

これってどうして，奇数回なんですか？

裏の裏は？

194　物理の波動

「表ですけど」

　そうでしょ。**せっかく1回固定端反射して干渉条件が逆転しても，もう1回，つまり合計2回（偶数回）固定端反射をすると，再び逆転して，元の干渉条件に戻ってしまうんだ。**

　だから，**図6**みたいに，奇数回（**図6**では3回）のときのみ強め合いと弱め合いの条件は逆転するんだ。

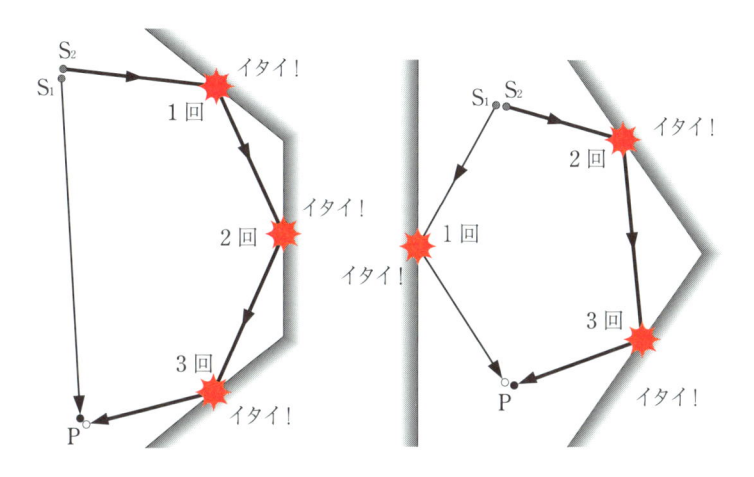

図6　固定端反射が合計で奇数回のときのみ条件逆転

「苦しーい！」「イタイ！」の光の叫びを聞き逃すな！

チェック問題 ① 傾けて重ねた2枚のガラス板 標準 25分

光学用平行平面ガラスA, Bを図のように左端点OからLの距離に, 厚さtのアルミはくをはさんで小さな角θだけ傾けて重ねた。そして, Aの上方からBに垂直に波長λの平行光線を照射した。その上方から反射光を見ると, B上に平行に並ぶ明暗の干渉縞が見られた。

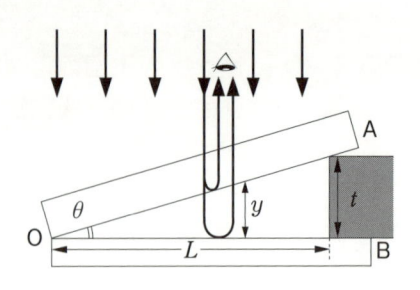

この干渉縞は図のように, Aの下面での反射光とBの上面での反射光が, 干渉した結果生じたものとする。

(1) AとBの間にできる空気層の厚みがyとなる位置に暗い縞ができるとき, yとλの関係を求めよ。ただし, 本問では空気の屈折率は1として考えよ。必要なら$m = 0, 1, 2, \cdots\cdots$を用いよ。

(2) 暗い縞どうしの間隔dを求めよ。

(3) Bの下方より透過光を見ると, どのような干渉縞が見られるか。

(4) (1)で次の(i)〜(iv)のように変化させたとき, 反射光の干渉縞にどのような変化が見られるか。

 (i) AとBのすき間を屈折率nの水で満たす。
 (ii) θを変えずにAを上へ平行移動してもち上げる。
 (iii) 点Oはくっつけたまま, アルミはくを押しつぶし, Aの傾きθを小さくする。
 (iv) 光を単色光から白色光に変える。

解説 (1)

> どうして問題の図で，Aの下面で反射した光はUターンして，しかも真上へはね返ってくるの？ Aは傾いているんだから，もう少し左上の方へ反射するんじゃないの？

　まず，問題の図で，光はUターンしてはね返るようにかかれているけど，本当は一直線上の出来事だからね。そして，真上にはね返る理由なんだけど，問題の図は，実際のところ，**図a**のような大きさになっているんだ。**もう，ほとんどガラス板A，Bは「密着」していて，AとBの間の角度θはほぼ0とみなすことができるんだ。**

　だから，Aの下面での反射光はほぼ真上にはね返ることができるよ。

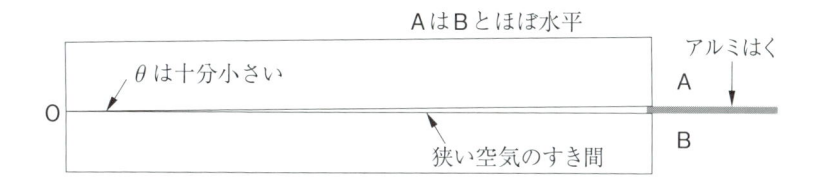

AはBとほぼ水平
θは十分小さい
アルミはく
A
O
狭い空気のすき間
B

図a

　さて，次は，干渉といえば《干渉の原則1》(基本)(p.163)の道のりの差の追求だけど，Aの下面で反射した光とBの上面で反射した光とは，どちらが長い距離を走っている？

> そりゃぁ，Bの上面で反射した光のほうです。

　では，どれだけ長いかい？

> それは，AとBのすき間の間隔分のyです。

　ブブー！ 光は**すき間を往復**しているんだよ。そう，**往復分**ということで，行路差は$\underbrace{2 \times y}_{\text{往復分}}$になるよ。**2を忘れないように！**

第11章　光の干渉（反射型）

では，次は《干渉の原則4》(p.194)の固定端反射の回数だけど，いまの場合は，何回あるかい？

> 図bで，まずAの下面での反射は，ガラスから空気に出会っての反射なので「フンワリ♡」と自由端反射です。
> 次に，Bの上面では，空気からガラスに出会っての反射だから「固くてイタイ！」固定端反射です。

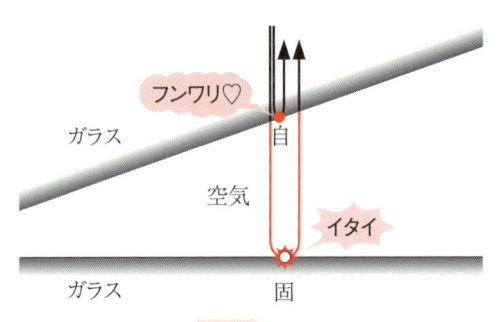

図b

そうだね。すると，固定端反射は合計1回（奇数回）で，干渉条件は逆転しているので，

$$\text{行路差} \quad 2 \times y = \begin{cases} m\lambda & \text{（弱め合い[暗い縞]）} \\ \left(m + \dfrac{1}{2}\right)\lambda & \text{（強め合い[明るい縞]）} \end{cases}$$
$(m = 0, 1, 2, 3, \cdots\cdots)$ ……答

となるね。AとBのすき間の往復$2y$の長さに波長が整数m個（$m\lambda$）入る位置に暗線ができるんだね。

(2)

> 「縞の間隔」とか言われても，全然イメージがわきません。

干渉ときたら，《干渉の考え方のコツ》(p.167)で見たように，
まず $m=0$ から始めて，
次に $m=1, 2, 3, \cdots\cdots$ と具体的に考えると
イメージしやすいんだったね。

図cのように、まず $m=0$、つまり、行路差が 0 ($0\cdot\lambda$) となるのは、左端のOの位置。次に $m=1$、つまり、往復に1波長 ($1\cdot\lambda$) が入っている㋐の位置に暗線ができる。次は $m=2$、つまり、往復に2波長 ($2\cdot\lambda$) が入っている㋑の位置に次の暗線ができる。同様に、往復に 3λ、4λ、5λ、……というように、往復で1波長 (λ) 増えるごとに次の縞ができていく。

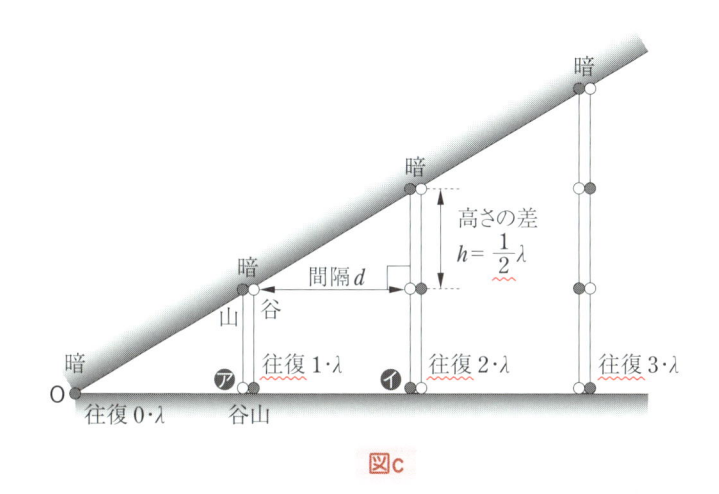

図c

往復で道のりの差が1波長 (λ) 増えるということは、片道だけでは、高さはいくらだけ増える？

> それは $\dfrac{1}{2}$ 波長分だけですよ。

その通り。つまり、互いに隣り合う㋐と㋑の位置の高さの差 h は図cのように、

$h = \dfrac{1}{2}\lambda$ …① となるんだね。この $\dfrac{1}{2}$ が大切なんだよ。

図cの㋐と㋑の間に、底辺の長さ d、高さが $h = \dfrac{1}{2}\lambda$ の直角三角形が見えるかい？ この直角三角形は、ある直角三角形と相似なのは分かるかい？

> あ！　全体の大きな三角形 OPQ（**図d**）です。

すると，**図d** の三角形の相似比から

$$d : h = L : t$$

よって，

$$d = \frac{h}{t}L \underset{\text{①より}}{=} \frac{L\lambda}{2t} \cdots ② \quad \cdots\cdots \text{答}$$

となるね。縞の間隔ときたら，いつも，この直角三角形の相似に注目するのがコツだ。

図d

(3)　今回は下から見上げる。この場合，**そのまままっすぐ目に入る光①と，Bの上面で反射し，Aの下面で反射してから下へ抜ける光②との干渉に**なるね。すると，行路差は**図e**のように，やっぱり往復分 $2y$ となる。これは(1)と全く同じだね。では，固定端反射の数もやっぱり(1)と同じかな？

図e

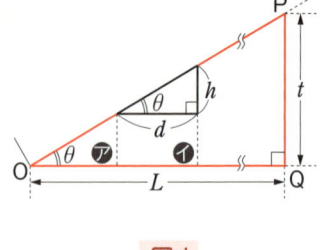

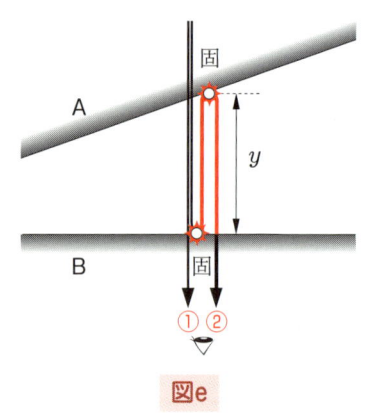

> **図e**より，Bの上面で「固くてイタイ！」だから，固定端反射。そして，はね返った光は，Aの下面でゴチンと頭をぶつけて「固くてイタイ！」で，2回目の固定端反射をしている。2回……，あ！　偶数回だ。

そうだね。すると干渉条件は，(1)のときは逆転していたけど，今回は再びもとに戻って通常の干渉条件になるね。すると，

$$行路差\ 2\times y = \begin{cases} m\lambda & (強め合い[明るい縞]) \\ \left(m+\dfrac{1}{2}\right)\lambda & (弱め合い[暗い縞]) \end{cases}$$

となって，(1)のときとは明・暗が逆転している。……答

(4) (i) 屈折率 n の水を A と B のすき間に入れると，(2)の 答 の②式で，$\lambda \to \lambda' = \dfrac{1}{n}\lambda$ となるので，新しい縞の間隔 d' は，

$$d' = \dfrac{L\lambda'}{2t} = \underbrace{\dfrac{L}{2t}\times\dfrac{1}{n}\lambda}_{\text{②より}} = \dfrac{1}{n}d$$

となり，縞の間隔が $\dfrac{1}{n}$ 倍に縮む。ただし，点 O が暗線になるという条件は変わらないので，縞全体が点 O に向けて左へ収縮していくことになる。
……答

(ii) θ を変えないまま A を上へ平行移動していくと，図 f のように，もともと往復に $m\lambda$ が入っている暗線は，新しく往復 $m\lambda$ が入る位置へ移動していく。

すると，図 f のように，縞全体は左へずれていく（縞の間隔は変わらない）ことが分かる。……答

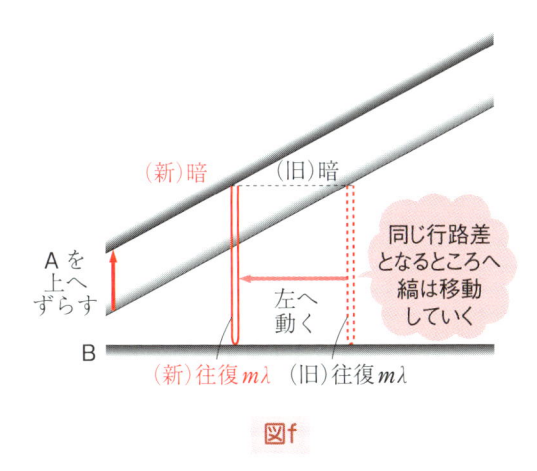

図f

(iii)　θ を小さくしていくと，図gのように，**往復にmλが入っている暗線は同じ行路差となる位置へ移動していく。**

すると，縞は右へずれていく。ただし，点Oはやはり行路差0で動かないので，Oから右へ縞の間隔が広がっていくことが分かる。……答

図g

(iv)　白色光を用いると同じ m 次の強め合いの行路差 $\left(m+\dfrac{1}{2}\right)\lambda$ でも，白色光に含まれる光のうち，㋐波長の短い紫（$\lambda_{紫}$）に近い光の方が短い行路差 $\left(m+\dfrac{1}{2}\right)\lambda_{紫}$ となり，㋑波長の長い赤（$\lambda_{赤}$）に近い光の方が長い行路差 $\left(m+\dfrac{1}{2}\right)\lambda_{赤}$ となる。

よって，同じ m 次の明るい縞でも，図hのように，㋐紫に近い光ほど左に，㋑赤に近い光ほど右にというように，幅をもって分布する。

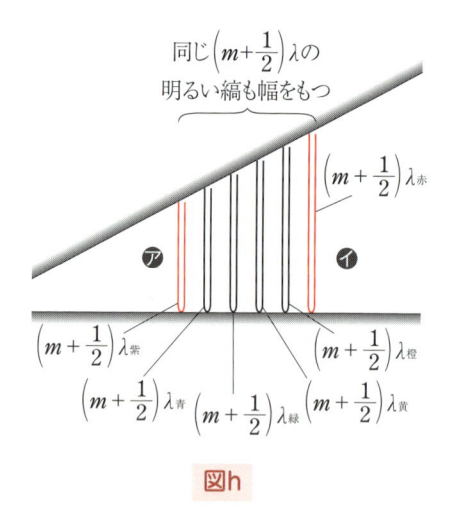

したがって，左から右へと紫青緑黄橙赤と並ぶ，つまり，虹色の帯になる。……答

図h

チェック問題 2　シャボン玉が色づく理由　やや難　25分

空気(屈折率1)中に厚さ d, 屈折率 n の平行薄膜がある。これに図のように波長 λ の平行光線が入射すると，膜の上面と下面とで反射された光どうしが重なって干渉を起こす。入射角を α, 屈折角を β とする。

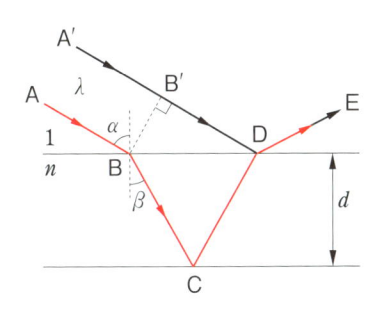

(1) E で明るい干渉が観察されるための条件を求めよ(角度 α と整数 $m = 0, 1, 2, \cdots$ を用いよ)。

(2) $\alpha = 0$ で波長 $\lambda = 6.0 \times 10^{-7}$m の光が入射した。このとき膜を透過する光が弱め合うための d の最小値を求めよ。$n = 1.5$ とする。

(3) $\alpha = 0$ で白色光(波長 $3.8 \times 10^{-7} \sim 7.8 \times 10^{-7}$m の光)を入射した。このとき，反射光は何色に見えるか。$n = 1.5$ とし，d については次の2つの場合に分けて考えよ。
　(i) $d = 9.0 \times 10^{-8}$m
　(ii) $d = 1.0 \times 10^{-3}$m
(可視光の色については **POINT 2** (p.173)の図を見る)

解説 (1) 干渉の基本は，道のりの差の追求だ。問題の図を見ると，A と A′ から E に入る2つの光のうち，どちらの光の方が長い道のりかな？

> A から出た光です。AB と A′B′ までは同じ長さで，DE は共通です。

そうだね。すると，結局差が生じるのは，BCD と B′D との差ということになるね。では，それらの光路差を見つける前に B での《屈折の法則》(p.124)に入っておこう。

$$1\sin\alpha = n\sin\beta \cdots ①$$
　　　下かくしの積　上かくしの積

　さて，ここが本問で最大の作図ポイントだ。**図a**は，p.121でも見た**波面の作図**だ。BB′までやってきた波面は，その後，DD′まで進んでいくよね。波面は，波の進行方向（光線）とは直角であることに気をつけると，**D′はDからBCに下ろした垂線の足になる**ね。

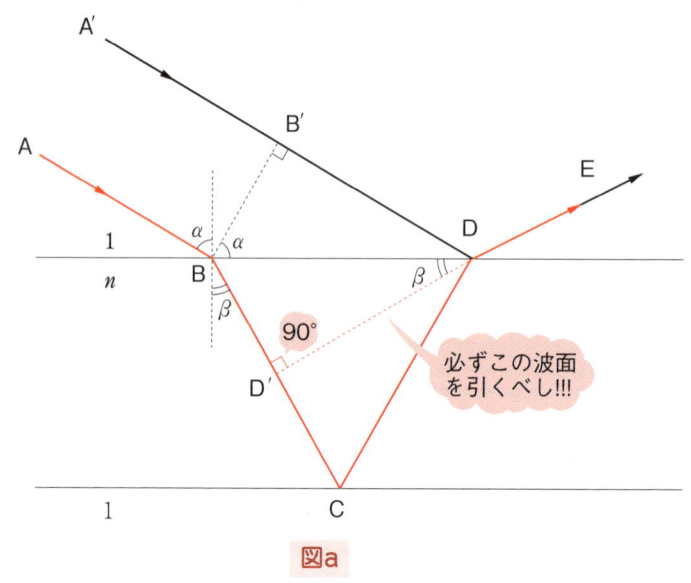

図a

　では，この**図a**で，光路差を求めてごらん。BCDはD′で切ってね。

　えーと，(BD′ + D′C + CD) − B′D です。

光路差だよ，行路差じゃないよ。

　あ！《干渉の原則3》(p.186)の光学的距離のことですか？　光は「苦しい！」から，BCD間はn倍の長さに「おきかえ」てあげる必要がある。

　そうだね。すると正しい光路差は，
　　$n \times (BD′ + D′C + CD) − B′D \cdots ②$

204　物理の波動

だ。さて，ここで各長さを求めていくけど，まず，**図a** の三角形 BDD′ に注目して，

$$BD' = BD \sin\beta \cdots ③$$

次に，三角形 BDB′ に注目して，

$$B'D = BD \sin\alpha \cdots ③'$$

となるね。ここで，②に③と③′を代入して，

$$n \times BD\sin\beta + n \times (D'C + CD) - BD\sin\alpha$$

さて，この式の ～～ の部分は，①を見ると，$n\sin\beta = \sin\alpha$ だから消えてしまうね。だから，光路差は結局

$$n \times (D'C + CD) \cdots ④$$

のみとなるけど，これは**図b** の ✓ チェックマークみたいな部分になるね。

> 結局 BD′ と B′D は光学的距離に直すと同じ長さだったんですね。

そうなんだ。じつは，そのことは，**はじめから分かっていた**ようなものなんだ。

> 「はじめから分かっていた」ってどういうことですか？

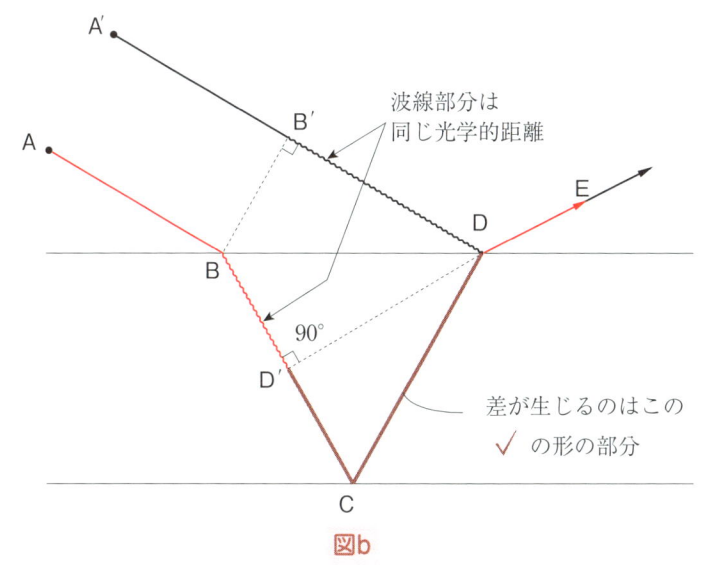

図b

第11章 光の干渉（反射型）

それは，波面の定義に戻ってみると分かるんだ。定義を思い出してみて。

> p.116でやったように，波面とは，同じ振動状態（同位相）となる点どうしをつないだ線または面です。

すると，DとD'は同一波面上の点どうしだから，

> あ！　AとA'から出た光は，D'とDまでは全く同位相でやってくることができるんですね。つまり，そこまでは同じ光学的距離だということですね。

そうだ。だから，はじめっから，光路差が生じるのはD'CDの√の部分ということが分かっていたんだ。

では，そのD'CDの√の長さを求めるテクニックだ。

これは，一気に求まってしまうぞ。

ポイントは，図cのように膜の下面に関して線分CDをCD''のように折り返すことだ。

すると，√の長さ（D'C + CD）は直線D'D''の長さに等しくなるね。その長さは三角形DD'D''に注目して，

$$D'C + CD = D'D'' = DD'' \cos\beta$$
$$= 2d\cos\beta$$

となる。

すると，④式の光路差は

$$n \times 2d\cos\beta \quad \cdots ⑤$$

となるね。

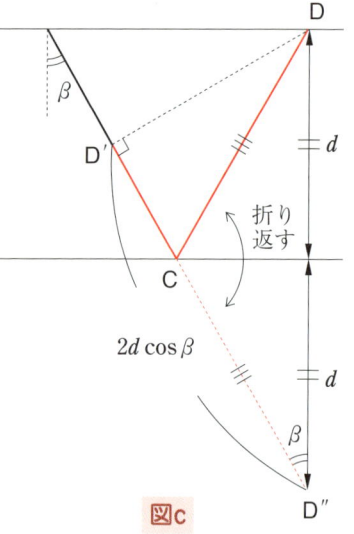

図c

> これで終わりですね。

いいや，問題文を見てごらん。角度βを使っていいのかな？　そう，「角度αを用いよ」とあるでしょ。いままでにβとαの関係を求めたことはあるね。そう，①式の屈折の法則だ。ただし，①式はsinの関係だ

ね。そこで，⑤式の cos を sin に強引にもっていこう。
$$n \times 2d\sqrt{1-\sin^2\beta} \quad (\because \quad \cos^2\beta = 1-\sin^2\beta \text{より})$$
①を代入して，
$$n \times 2d\sqrt{1-\left(\frac{1}{n}\sin\alpha\right)^2}$$
$$= 2d\sqrt{n^2-\sin^2\alpha} \quad \cdots ⑥$$

これでやっと光路差が見つかった。
さて，次は，強め合う条件を言ってみて。

> ⑥が $m\lambda$ で強め合いです。

アチャー，この章でやったばかりでしょ。《干渉の原則４》(p.194)だ。
固定端反射の数が奇数回あったら，条件が逆転してしまうよ。何回あるかい？

> 図dで，まずA′から来た光はDで「固くてイタイ！」と固定端反射する。

そして，

> 次に，Aから来た光はBでも「固くてイタイ！」と固定端……

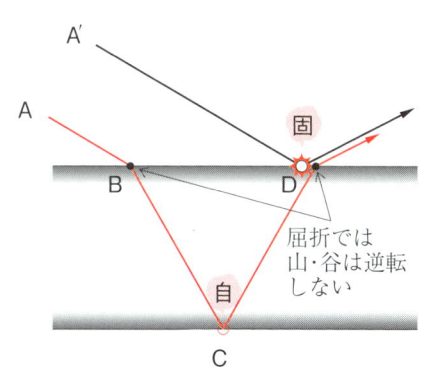

ちょっと待った！　屈折では全く山谷逆転しないからね。

> では，BはスルーしてCで空気に出会って「フンワリ♡」と自由端反射でおしまい。

そうだ。すると結局，**点Dで１回だけ固定端反射している**。１は奇数だから……，

図d

条件が逆転しています。強め合いは，⑥が $\left(m \pm \dfrac{1}{2}\right)\lambda$ のときです。

もう少し細かい話をすると，$m = 0, 1, 2, \cdots\cdots$ と，0からはじまっているから，$m + \dfrac{1}{2}$ のみにしてね。$m - \dfrac{1}{2}$ だと，$m = 0$ のときマイナスになってしまうからね。

すると，強め合う条件は，
$$2d\sqrt{n^2 - \sin^2\alpha} = \left(m + \dfrac{1}{2}\right)\lambda \cdots ⑦ \quad \cdots\cdots \text{答}$$

だね。以上の作図と式変形の流れをもう1度よくおさらいしてね。

(2) 図e のような，2つの光の干渉を考える。

まず光路差は，屈折率 n のガラス中の往復 $2d$ なので，$2dn$（または⑦式で $\alpha = 0$ とおいてもよい）。

そして，ガラスの上面と下面での反射は，両方とも自由端反射であるので，固定端反射の数は 0 回。

よって，透過光どうしが干渉して弱め合う条件は《光の干渉の原則1，3，4》より，
$$2dn = \left(m + \dfrac{1}{2}\right)\lambda \quad (m = 0, 1, 2, \cdots\cdots)$$

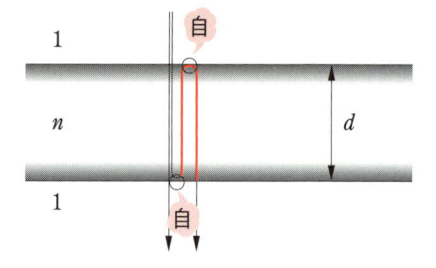

図e

ここで，$m = 0$ のときに d は最小で，
$$d = \dfrac{\lambda}{4n} = \dfrac{6.0 \times 10^{-7}}{4 \times 1.5} = 1.0 \times 10^{-7} \text{[m]} \quad \cdots\cdots \text{答}$$

となるね。

(3) ⑦式で $\alpha = 0$ とすると強め合う条件は,

$$\underbrace{2d \times n}_{\text{屈折率 } n \text{ のガラス中の往復 } 2d} = \left(m + \frac{1}{2}\right)\lambda$$

よって,強め合ってよく反射して見える色の波長 λ は,

$$\lambda = \frac{2dn}{m + \frac{1}{2}} \quad \cdots ⑧$$

となる。

(i) ⑧で $n = 1.5$, $d = 9.0 \times 10^{-8}$m とすると,

$$\lambda = \frac{2 \times 9.0 \times 10^{-8} \times 1.5}{m + \frac{1}{2}}$$

$$= \frac{2.7 \times 10^{-7}}{m + \frac{1}{2}} \text{[m]}$$

ここで,p.167の《干渉の考え方のコツ》より,

$m = 0$ からはじめて 1, 2, ……ということで表をつくると,

m	λ[m]	光
0	5.4×10^{-7}	緑色
1	1.8×10^{-7}	紫外線
2	1.08×10^{-7}	紫外線

あれ! もうこれでおしまい? もうちょっと $m = 3, 4, 5, 6,$ ……ってやってみた方がいいんじゃないの?

もうおしまいだ。だって,これ以上続けても目には見えない紫外線の光が続くだけだよ。すると反射光の色は?

うあ! 緑です。緑の単色光です! 白色光のうち,⑧の条件を満たすのは, $\lambda = 5.4 \times 10^{-7}$m の緑色の光だけです!

そうだね。シャボン玉の表面はいまの場合,こうして緑色に色づいて見えるんだね。……**答**

(ii) 今度は⑧式で $d=1.0\times10^{-3}$m（だいたいガラス板ぐらい）にしてみよう。すると，

$$\lambda = \frac{2\times1.0\times10^{-3}\times1.5}{m+\frac{1}{2}}$$

$$= \frac{3.0\times10^{-3}}{m+\frac{1}{2}} \text{[m]} \cdots ⑨$$

やはり，m に 0，1，2，3，……と具体例を入れて表をつくると，

m	λ [m]	光
0	6.0×10^{-3}	電波
1	2.0×10^{-3}	電波
2	1.2×10^{-3}	電波
3	8.6×10^{-4}	電波
⋮	⋮	⋮

なかなか可視光にたどりつかないので，$\lambda=7.8\times10^{-7}$m を⑨式に入れて，そのときの m を出すと，$m=3846$ だから，

m	λ [m]	光
3846	7.8×10^{-7}	赤色
3847	7.797×10^{-7}	赤色
3848	7.795×10^{-7}	赤色
⋮	⋮	⋮

今度はなかなか，赤から変わらないので，$\lambda=3.8\times10^{-7}$m を⑨式に入れて，そのときの m を出すと，$m=7895$ となるので，

m	λ [m]	光
7895	3.8×10^{-7}	紫色

$m=3846$ から $m=7895$ まで，ずいぶんと飛びましたね。

そこがポイントなんだ。つまり，**$m=3846$〜7895 の間にある 4000 色以上の光が⑨式を満たしているんだ。**

> ずいぶんとゆるゆるの条件ですね。(i)の「緑しかダメ！」という厳しい条件と比べると。

そうなんだ。膜がぶ厚いと，いろんな組み合わせの波長が強め合う条件を満たしてしまうんだ。では，反射光の色はズバリ何？

> すべての色の光が含まれるから……　そう！　白色です。

その通り。つまり，白色光を入れて白色光がそのまま何も色づくこともなく反射してくるだけなんだね。……答
ぶ厚い窓ガラスがシャボン玉みたいに色がついたらコワイでしょ（笑）

すると，ボクが小学生のときに学校の先生の「シャボン玉はなぜ色がついて見えるの？」という質問には，どう答えればよかったのかな？

> ハイ！　シャボン玉は「薄いから」です。図fのイメージです。

イメージ

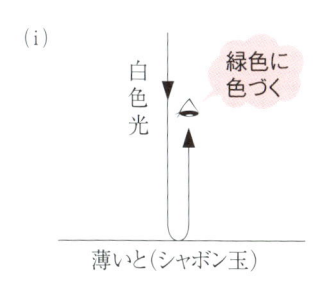

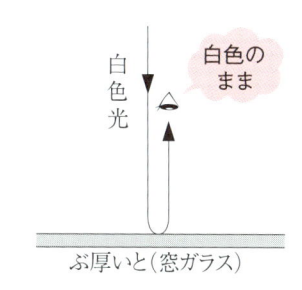

図f

正解。
本問から分かるように，干渉だけでなくその「薄さ」が本質だったんだ。薄ければ，水たまりに浮かぶオイルも，ウーロン茶の泡も，ラップの表面もレインボーに色づくんだ。

第11章　光の干渉（反射型）

それにしても，はじめから小学生には分かりっこない質問だったんだね（笑）　ウチの小学校は，レベルが高かったんだなあ。

　以上，楽しい波動の勉強はおしまいだ。どうだった？　いろいろな現象が身近に感じられ，深く理解できたかい？　さあ，いま，キミの身のまわりの世界にきらめく光を目で見て，轟く音を耳で聞いてごらん……。ホラ，反射・音波・弦・気柱・ドップラー効果・うなり・電磁波・光波・屈折・回折・全反射・干渉・色……それらの現象を1つひとつ分析できるキミがいるね。
　それが，科学するってことなんだよ。

以上で波動はおしまい!!
おつかれさまでした。
今後もぜひ何度も復習して，波動を好きになって，超得意にしてほしいね。

物理の波動

● 第11章 ●
ま と め

1 光の自由端反射と固定端反射の判定
境界面で光が「固くてイタイ！」と反射したら固定端反射
（山谷逆転）

（注　屈折では絶対に山谷逆転しない）

2 固定端反射による干渉条件の逆転《干渉の原則４》
固定端反射が奇数回あるとき強め合いと弱め合いの条件は
（偶数回はダメ）

イタイ！

逆転する。

3 傾けて重ねた２枚のガラス板の縞の間隔 d の求め方
① すき間の往復の中で $m\lambda$ の入る位置に暗い縞ができる。
② 隣り合う縞の位置のすき間の高さの差は $h = \dfrac{1}{2}\lambda$
③ 三角形の相似比 $d : h = L : t$

4 平行薄膜型干渉の作図と式変形の３ポイント
① 同一波面上では同位相となることを押さえ，√（チェックマーク）の部分のみ光学的距離を考える。
② √の右側部分を下に折り返し直角三角形を考える。
③ 屈折の法則によって屈折角 β を入射角 α におきかえる。

第11章　光の干渉（反射型）

原子編

- 第12章 光の粒子性
- 第13章 電子の波動性
- 第14章 原子核

第12章 光の粒子性

▲光とはエネルギー弾のこと

Story ① 原子の分野では何を学ぶのか？

▶(1) 古典物理学から現代物理学へ

　じつは，ここまでキミたちが学んできた，力学，熱力学，電磁気学，波動学というのは物理では古典（クラシック）物理学とよばれている分野で，おもに19世紀までに法則が確立した学問なんだ。

　実際，19世紀末の科学者の会議では「私たちのやることは終わりに近づいている。あと2，3の問題を解決すれば物理学は完成だ。」という共同宣言がなされるくらい，すべて分かったと思われていたんだ。

　すっかり晴れあがった空のもと，地平線に小さな雲がわずかに見えているぐらいで，その雲が消えれば，もうすっきりというところだった。

　しかし，その当時は誰も予想できなかった。その雲がやがて空一面をおおいつくし，大あらしがくるなんてことは……。

▶(2) 古い常識から新しい常識へ

　いままで私たちが見てきた古典物理学の世界では，次の3つの事柄は，まぎれもなく不変の常識とされてきたんだ。

┌─────────── **古典物理学の3つの常識** ───────────┐
│ ①　光は，波である（回折・干渉するので）。　　　　　　　　　│
│ ②　電子は，粒である（1コ1コ数えられるので）。　　　　　│
│ ③　質量は，消えたり生じたりすることはできない（100gの氷 │
│ 　　はとかして水にしても100gのままのはず）。　　　　　　│
└──────────────────────────────────┘

　しかし，この3つの常識は，やがて次の3つの新常識へとおきかわってしまうんだ。

┌─────────── **現代物理学の3つの常識** ───────────┐
│ ❶　光は，粒でもある。　　　　　　　　　　　　　　　　　　│
│ ❷　電子は，波でもある。　　　　　　　　　　　　　　　　　│
│ ❸　質量は，消えたり生じたりすることもできる。　　　　　　│
└──────────────────────────────────┘

　　　この「も」って何ですか？

　いいところに気がついた。**現代物理学は，古典物理学を全く否定しているわけではない**んだ。ただ，古典物理学がこの自然のある一面のみを見ていただけだったのを，現代物理学ではさらに**別の一面を見い出すことに成功した**んだね。そして，自然の真の姿により近づくことができたんだ。

　これからボクたちが学ぶ**原子物理学**では，これらの3つの新常識がいかにして発見され，そして，その結果，自然のより奥深い真実がどのように解明されたかを見ていくことになるよ。

　　　どうして現代物理学のことを原子物理ともよぶの？

　いい質問だ。現代物理学の3つの新常識は，どれも**原子レベルの超ミクロの世界で顕著になる事実**なんだ。逆にいえば，私たちの日常生活のスケールではほとんど実感することができないんだ。日常生活の範囲を扱うのが古典（日常）物理学といってもいいよ。

第12章　光の粒子性

> **POINT 1** 古典(日常)物理学から現代(原子)物理学へ
>
> (1) 古典(日常)物理学(〜19世紀): 日常生活の世界
>   ① 光は，波である。
>   ② 電子は，粒である。
>   ③ 質量は，永久不変である。
> (2) 現代(原子)物理学(20世紀〜): 原子レベルの世界
>   ① 光は，粒でもある。
>   ② 電子は，波でもある。
>   ③ 質量は，消えたり生じたりすることもある。

Story ❷ 電子の発見

　すべての物質は，それ以上分けることのできない究極の粒子である素粒子からできている。素粒子といえば，現在ではクォークが有名である。歴史をさかのぼれば，人類が発見した最初の素粒子というのは，じつは，電子なんだ。その意味では電子の発見が原子物理学(現代物理学)の始まりともいえる。

　電子は陰極線の実験から発見された。陰極線の実験とは，真空近くまで気体を排気したガラス管の内部に電極を封じ込め，高電圧を加えると，−極(陰極)から負の電気を帯びた粒子の流れが放出されるものだ。

　1897年にJ.J.トムソンは陰極線を電界や磁界の中で運動させ，その運動の様子から，陰極線粒子のもつ電荷の大きさ e〔C〕と質量 m〔kg〕の比(比電荷)を求めた。その値は，管内の気体の種類や電極の金属によらず一定で，必ず次の決まった値をもっていた。

$$\frac{e}{m} = 1.76 \times 10^{11} \text{〔C/kg〕}$$

　このことから，陰極線粒子は，すべての物質に共通に含まれる普遍的かつ基本的な粒子であることが分かった。この負電荷をもつ基本粒子は電子と名づけられた。

そして，1909年にミリカンは帯電した油滴を用いた実験により，電子のもつ電気量の大きさ e を推定し，その値を
$$e = 1.6 \times 10^{-19} \text{[C]}$$
と求めた。この値は，すべての電気量の基本単位となる量で**電気素量**とよばれる。

これらの実験の具体例は次の チェック問題 1 ， チェック問題 2 で見ていくことにしよう。

チェック問題 1　電子の比電荷　　　標準 12分

幅 l，間隔 d の平行電極板に V の電圧を加える。図のように原点Oから極板と平行な x 軸方向に電子（質量 m，電荷 $-e$ ）を速さ v で入射させた。ただし，重力は考えなくてよいものとする。

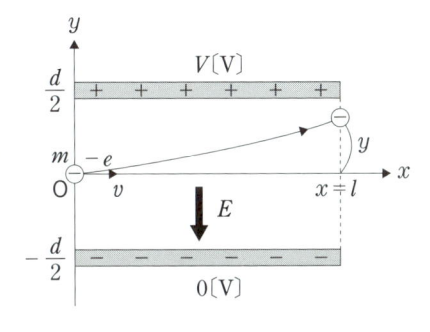

(1) 極板間に生じる電界の大きさ E を求めよ。

(2) 電子が電界から出るときに，x 軸からずれる距離 y はいくらか。

(3) (2)で，さらに極板間全体に，紙面に垂直で磁束密度の大きさ B の一様な磁界を加えたら，電子は x 軸上を直進した。このときの磁界の向きを答えよ。ただし，z 軸の正の向きは紙面に垂直で，裏から表の向きとする。

(4) 電子の比電荷 $\dfrac{e}{m}$ を V，y，l，B，d で表せ。

解説

(1) まず《電位の定義》(電磁気編 p.66を見て下さい)より，図aのように＋1Cを電界Eに逆らって上向きに大きさEの力を加えつつdだけもち上げるのに要する仕事がVであるので，

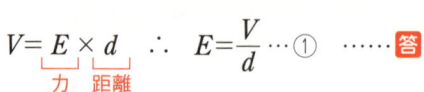

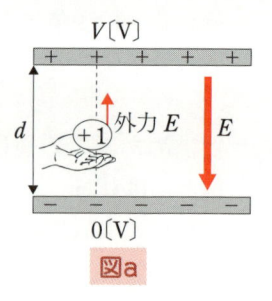

$$V = \underbrace{E}_{\text{力}} \times \underbrace{d}_{\text{距離}} \quad \therefore \quad E = \frac{V}{d} \cdots ① \quad \cdots\cdots \text{答}$$

図a

(2) x方向には全く電気力を受けないので，一定の速さvでlだけ動く。その時間t_1は

$$t_1 = \frac{l}{v} \cdots ②$$

一方，y方向には，yの正の向きに一定の電気力

$$eE = e\frac{V}{d} \quad (\because \; ①)$$

を受けるので，運動方程式

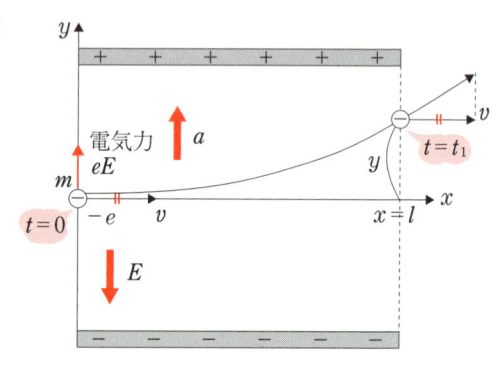

$$ma = e\frac{V}{d} \; \text{より，}$$

加速度$a = \dfrac{eV}{md} \cdots ③$ の等加速度運動をする。

図b

よって，電子は極板を通過するt_1秒間に＋y方向に等加速度運動の式より，

$$\begin{aligned}y &= \frac{1}{2}at_1^2 \\ &= \frac{eVl^2}{2mdv^2} \cdots ④ \quad (\because \; ②③) \cdots\cdots \text{答}\end{aligned}$$

だけ変位している。

(3) 電子が直進するには，図cで，**+y向きの電気力 eE を打ち消すように，ローレンツ力 $f=evB$ が $-y$ 向きにはたらく必要がある。**

そのためには《右手のパー(No.2)》(電磁気編 p.209も見て下さい)より，図cのように，まず，電子は負電荷なので，その速度ベクトル $\vec{v}$ と逆向きに親指を向ける。次に，$-y$ 向きのローレンツ力 $\vec{f}$ の向きに手のひらを向ける。すると，人さし指の向く向き，つまり磁界の向き $\vec{B}$ は $-z$ 向き……答
となる。

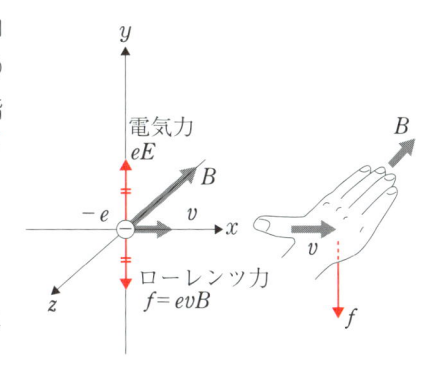

(4) 図cでローレンツ力と電気力とのつり合いより，

$$evB = eE = e\frac{V}{d} \quad (\because \ ①)$$

$$\therefore \ v = \frac{V}{Bd} \cdots ⑤$$

④に⑤を代入して，

$$y = \frac{eVl^2}{2md}\left(\frac{Bd}{V}\right)^2$$

$$= \frac{el^2B^2d}{2mV}$$

よって，比電荷はこの式を $\dfrac{e}{m}$ について解いて，

$$\frac{e}{m} = \frac{2Vy}{l^2B^2d} \ \cdots\cdots 答$$

と求められる。V, y, l, B, d はすべて実測可能な量なので，これで比電荷が求められたことになる。

第12章 光の粒子性

チェック問題 2　ミリカンの実験　　標準 10分

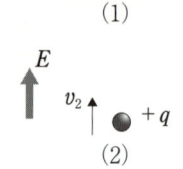

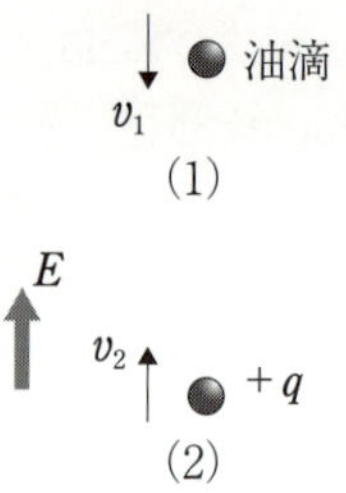

油滴が空気中を運動するときの抵抗力の大きさfは、球の速さvと半径rに比例し、比例定数kを用いて$f=krv$と与えられる。重力加速度の大きさをgとする。

(1) 密度ρの油滴が一定の速さv_1で落下した。この油滴の半径rを求めよ。

(2) 次に(1)の油滴に正の電荷qを与え上向きの電界Eを加えたら一定の速さv_2で上昇した。このとき電荷qをv_1, v_2, E, k, ρ, gで表せ。

(3) qの値をいくつかの油滴について測定すると次の㋐〜㋕のような数値を得た。（単位は10^{-19}C）電気素量eを推定せよ。ただし、各データはeの12倍以内であるとする。

㋐ 1.69　㋑ 3.28　㋒ 4.97　㋓ 7.90
㋔ 12.8　㋕ 15.6

解説

(1) 図aのように一定速度v_1で落下しているときの力のつり合いより、

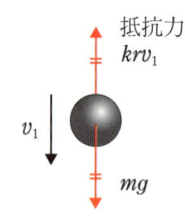

$$krv_1 = mg \cdots ①$$

ここで、油滴の質量mについて

$$m = \underbrace{\frac{4}{3}\pi r^3}_{体積} \times \underbrace{\rho}_{密度}$$

より、

$$krv_1 = \frac{4}{3}\pi r^3 \rho \times g$$

$$\therefore \quad r = \sqrt{\frac{3kv_1}{4\pi\rho g}} \cdots ② \quad \cdots\cdots 答$$

図a

222　原子編

(2) 図bのように一定速度v_2で上昇しているときの力のつり合いより，

$$qE = mg + krv_2$$
$$= krv_1 + krv_2 \quad (\because \ ①)$$
$$\therefore \quad q = \frac{kr(v_1+v_2)}{E}$$
$$= \frac{v_1+v_2}{E}\sqrt{\frac{3k^3v_1}{4\pi\rho g}} \quad (\because \ ②) \cdots\cdots\ 答$$

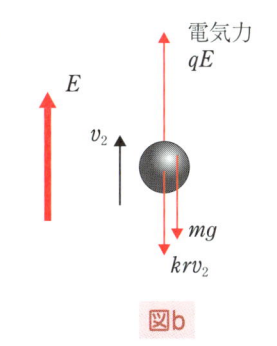

これで，油滴が帯びている電気量qを測定できることになったね。

> いきなりデータが与えられても，どう扱えばよいのやら…

(3) 各データのqは電気素量eの自然数n倍になっているはずだね。そこで，電気素量をe〔$\times 10^{-19}$C〕として，各データを$e \times n$の形に仮定して，eの値を求める。

- ㋐　$1.69 = e \times 1 \quad \therefore \quad e = 1.69$
- ㋑　$3.28 = e \times 2 \quad \therefore \quad e = 1.64$
- ㋒　$4.97 = e \times 3 \quad \therefore \quad e = 1.66$
- ㋓　$7.90 = e \times 5 \quad \therefore \quad e = 1.58$
- ㋔　$12.8 = e \times 8 \quad \therefore \quad e = 1.60$
- ㋕　$15.6 = e \times 10 \quad \therefore \quad e = 1.56$

> ㋐で$1.69 = e \times 2$，㋑で$3.28 = e \times 4$はダメですか？

すると㋕で $15.6 = e \times 20$ となって $n \leq 12$ に反してしまうからダメだよ。ここで㋐〜㋕の平均をとると，

$(1.69 + 1.64 + 1.66 + 1.58 + 1.60 + 1.56) \div 6 = 1.6216\cdots \fallingdotseq 1.6$

よって，求める電気素量の値は，

$e = 1.6 \times 10^{-19}$〔C〕……答

となる。

Story ③ 光電効果

▶(1) 驚くべき結果

　金属の中には自由電子があるね。この「自由」というのは，あくまでも，金属内部のみを自由に動けることだ。「シャーペンの先の金具をたたいたらポロポロ電子がこぼれてきた!!!」なんてことはないでしょ。電子は金属内部にガッチリ束縛されているんだ。だから，金属の外部へ出るには，電子にある程度のエネルギーを与えてあげる必要があるんだ。とくに，光のエネルギーを与えて電子を飛び出させる現象を光電効果という。

　今，図1の㋐と㋑のように，全く同じ金属の板を用意する。㋐では，赤いきわめて強い光(サーチライトの光ぐらい)を，㋑では，紫のきわめて弱い光(オリオン座のリゲルからくる光ぐらい)を当ててみよう。

　では，実際これらのうち，十分なエネルギーをもらって電子が飛び出してきたとすると，それは㋐㋑どちらか分かるかい？　答えてみて。

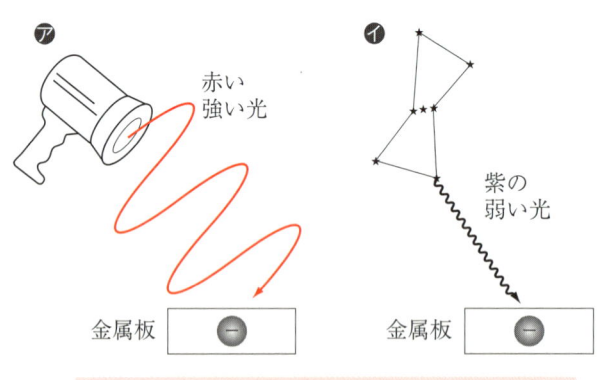

図1　どっちから電子⊖が飛び出してくる？

> **答**は火を見るより明らか。ダンゼン**ア**のほうです！
> オリオン座のリゲルからの光に何ができるっていうんですか？

確かにそう思えるでしょ……。
しかし！　実験結果はアではなくて，なんとイだったんだ！！

ア　津波　びくともしない
イ　さざ波　崩壊

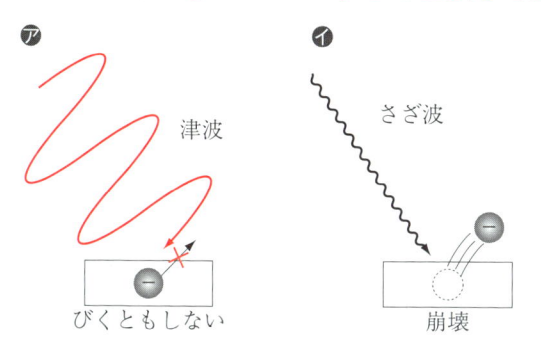

図2　驚くべき結果！?

> え！！！　でも波でいえば，**ア**はまるで荒れ狂う津波，**イ**はさざ波。津波でもびくともしない堤防が，そよ風にさそわれたさざ波で崩壊！?　そんな話ありえないですよ。

　確かにね。19世紀末の物理学者たちも，この結果についてはビックリしていたんだ。そして，その謎は長い間，未解決の問題として残っていたんだね。若き天才物理学者がこの難問を解くまでは……。

▶(2) アインシュタインの光子仮説

　1905年，若きアインシュタインは，光電効果の謎を，次の大胆な仮説を立て，一気に解いてしまった。
　まずは，じっくりとていねいに下の **POINT 2** を読んでみてね。何か気づくことはあるかい？

POINT 2　アインシュタインの光子仮説

振動数 ν（ニュー）（原子物理学では振動数を f ではなく ν で表す），波長 λ，光速 $c = \nu\lambda$ の光波は，次のような粒（光子）ともみなせる。

質量 $m = 0$

つねに光速 c で走る

光子

光子1粒あたりのもつ

エネルギー
$$E = h\nu = h\dfrac{c}{\lambda}$$
$c = \nu\lambda$ より

運動量
$$P = \dfrac{h}{\lambda} = h\dfrac{\nu}{c}$$
$c = \nu\lambda$ より

（$h = 6.63 \times 10^{-34}$ J·s：プランク定数）

ちょっと待って下さい！　質量 $m=0$ なのに，どうしてエネルギーや運動量をもっているの？　$E = \dfrac{1}{2}mc^2 = 0$，$P = mc = 0$ じゃないの？　それに，つねに光速 c で走るって意味不明!!

226　原子編

確かにね。でも，この光子という粒は，もはやニュートンの古典的運動方程式にしたがう粒ではないのだよ。

だから，エネルギーが $E = \dfrac{1}{2}mv^2$ や，運動量が $P = mv$ という公式にはあてはまらない全く新しいタイプの粒なんだよ。

とにかく，相手に $E = h\nu$ の仕事をすることができて，$P = \dfrac{h}{\lambda}$ の力積を与えることさえできれば，立派にエネルギー E をもち，運動量 P をもっていると言えるんだ。

> でも，振動数 ν や波長 λ で，エネルギーや運動量が決まってしまうなんて，まだ実感がわかないなあ。何か日常生活の例はないのかなあ？

1つあるよ。たとえば，キミが一日中コタツに入っていたとする。そのとき，コタツの赤外線を大量に浴びた足が日焼けした！　なんてことはあるかい？

> そんなことあったらコワイです。日焼けは紫外線でしょ。

そうだね。まさにそのイメージがエネルギー $E = h\nu = h\dfrac{c}{\lambda}$ に合っているんだ。赤外線と紫外線とを比べると，圧倒的に紫外線の方が振動数 ν は高く，波長 λ は短い。つまり，エネルギー E は大きいよね。

イメージとしては，赤外線は砂粒，紫外線は大きな岩だ。

どっちが当たったら，ケガ（日焼け）をするかが分かるよね。

▶(3) ナゾは解けた！

　さて，このイメージでいくと，(1)での謎「津波でもびくともしない堤防が，さざ波で崩壊？」は，図3のように，「**大量の砂あらしでもびくともしない堤防が，大きな岩1発で崩壊！**」というナットクいくイメージで理解できるようになるんだ。

ア　赤い（1粒1粒は砂のよう）
　　強い（数は多い）光

イ　紫の（1粒1粒は大きな岩）
　　弱い（数は少ない）光

びくともしない　　　崩壊

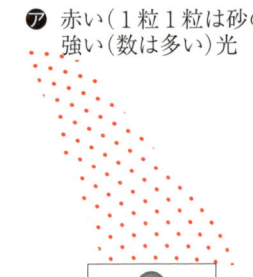

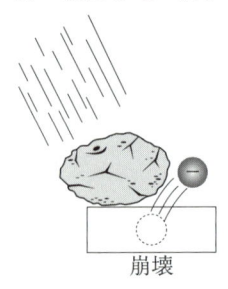

図3　これでナットク

ホントにすっきり筋が通った話になりますね！

　そうなんだ。光を粒と見るということで，謎が解けたんだ。

結局のところ光は粒なんですか，波なんですか？　どっちなの？

円です

　よくある質問だね。では，図4は円かな，それとも長方形かな？

長方形だ

いいえ，円柱です。

図4　これは円？　長方形？

でも，真上から見たら円でしょ。真横から見れば，長方形だよね。

全く同じように，光もある見方(実験の仕方)をすると粒(円)に見えて，また別の見方をすると波(長方形)に見えるだけなんだ。そして，その本質は，粒でも波でもない存在(円柱)なんだ。

このあたりの話は，大学で習う量子力学で学んでいくよ。「観測(実験)の仕方が測定結果に影響を与える」という考えは，量子力学の根本原理の1つになっているんだ。とっても不思議で面白いでしょ。

チェック問題 ❸ 光電効果　　標準 30分

図は光電効果を調べる装置である。一定の強度，振動数 ν の光を陰極Aに当てながら，陰極Aに対する陽極Bの電位 V を変えて，回路に流れる光電流 I を測る。電子の電荷を $-e$，質量を m，プランク定数を h，光速度を c とする。

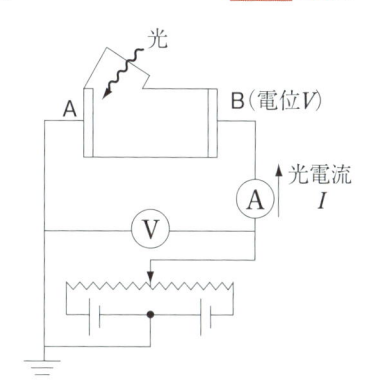

(1) 陰極Aの仕事関数 W とAから飛び出す電子の最大運動エネルギー $\frac{1}{2}mv_{\max}^2$ と光の振動数 ν の関係を記せ。

(2) ν の値をいろいろと変えていったとき，ν がある値 ν_0 よりも小さくなると光電子が飛び出さなかった。ν_0 と W の関係を記せ。

(3) V の値をいろいろ変えていったときの光電流 I の変化を表す I-V グラフをかけ。

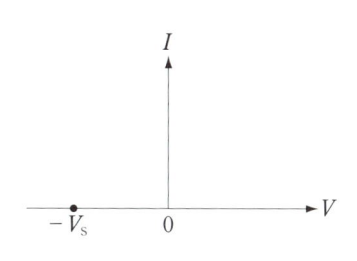

(4) $V = -V_S$ にすると $I = 0$ になった。V_S と $\frac{1}{2}mv_{max}^2$ の関係を記せ。

(5) ν の値をいろいろ変えていったときの V_S の変化を表す V_S-ν グラフをかけ。

(6) 次の各場合について，(3)でかいた I-V グラフの変化のおおよその様子を説明せよ。

　(i) 光の振動数は一定のまま，光の明るさのみを半分にする(明るさは，1秒あたりに入射する光子の数に比例する)。

　(ii) 光の明るさは一定のまま，光の振動数のみを増す。

解説

> 手のつけかたが全く分かりません。先生，原子の分野の効率的な勉強法を教えて下さい。

　まあ，本当はメチャクチャ面白い分野だし，いままで学んだ分野の絶好の復習になるからじっくり取り組んでほしいんだけども，なかなか時間がない時期でもあるんだよね。そこで，原子の問題にはおきまりのストーリーがあるので，そのワンパターンストーリーをステップ式で1つひとつ理解していきながらノートにまとめるのが最も効率のよい勉強法だ。

(1) **Step 1** 光子を吸収して，電子は金属中から脱出する

　金属に光を当てると，電子が飛び出す現象が光電効果だ。金属内の自由電子は，陽イオンから引力を受けているので，エネルギーを外からもらわないと外へ出られない。この脱出するのに最低限要するエネルギーのことを仕事関数 W といい，金属の種類によって決まった値をもつ。

> 金属全体としての「イオン化エネルギー」みたいですね。

　いいイメージだ。とくに，光子が運んできたエネルギーによって電子が金属から飛び出してくる現象を光電効果という。

ここで図aのように，仕事関数 W（たとえば100万円支払わないと脱出できないとしよう）の金属でできた電極Aがある。そして，そこに，エネルギー $h\nu$（たとえば120万円もっているとしよう）の光子が入ってきて，そのエネルギーを電子に与えたとする。**電子は脱出するのに最低 W（100万円）を支払わねばならないね**（ここで注意したいのは，最低100万円ということだ。電子の中には，119万円も支払って「ボラれた〜✨」というのもいるし，100万円支払って「ラッキー♥　最低額で済んだ〜」というのもいるということだ）。

　では，ここで問題。

　脱出した電子は最大いくらの運動エネルギー（お金）を残しているかな？　つまり，$\frac{1}{2}mv_{\max}^2$ は，何万円になるかな？

> 最大の運動エネルギー（お金）を残しているのは，最低100万円で済んだ電子だから，120万円－100万円＝20万円です。

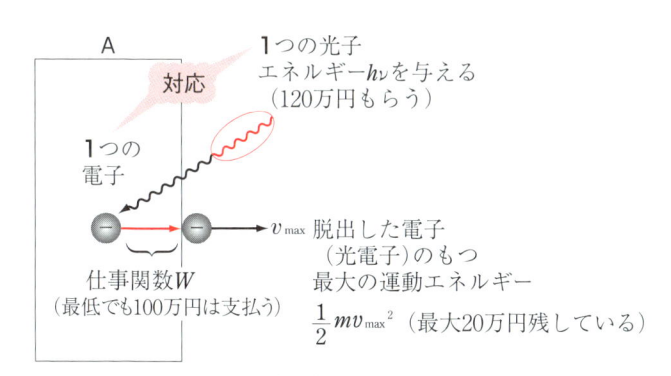

図a

　そうだ。今，120万円－100万円といったよね。全く同様に，脱出した電子が残すことのできる最大の運動エネルギーは，

$$\underbrace{\frac{1}{2}mv_{\max}^2}_{20万円} = \underbrace{h\nu}_{120万円} - \underbrace{W}_{100万円}$$

となる。この式を変形すると，　　$h\nu = W + \frac{1}{2}mv_{\max}^2$ …① ……**答**

第12章　光の粒子性

となるね。

ここで大切なことは，

> １つの電子には，１つの光子しかエネルギーを与えることができない

ことなんだ（たとえば，２つの120万円の光子が１つの電子に集中して与えたら，120×2－100＝140万円で電子は飛び出すことができてしまうよね。しかし，そういうことはないのだ）。

光電効果には３つの基本式が出てくる。前ページの①式が《光電効果の３大基本式①》になる。

POINT 3 《光電効果の３大基本式①》

$$1個 \times h\nu = W + 1個 \times \frac{1}{2}mv_{max}^2$$

- １個の光子が与えるエネルギー
- 最低脱出エネルギー
- 脱出した１個の電子が残している最大運動エネルギー

(2) **Step 2** とくにギリギリ脱出の場合

たとえば，脱出するのに最低100万円必要な金属に，ちょうど100万円ジャストの光子が入ってきたら，もらった電子は脱出後いくらお金が残っている？

> もらった100万円すべて支払うしかないから０円。所持金ゼロです。

全く同じように，仕事関数が W の金属に，ちょうど W と同じエネルギー $h\nu_0 = W$ をもつ光子が入ってきたとすると，**図b**のように，電子はギリギリ脱出する状態になる。このときの光の振動数 ν_0 を限界振動数という。これより小さい振動数の光では，絶対に光電効果は起こらないんだ。

> えー，でも，60万円の光子が2つ入ってくれば，合計120万円で100万円を超えるから，電子を脱出させることができますよ。

アチャー，もう忘れたか。1つの電子には，1つの光子しかエネルギーを与えることができないんだ。たとえ99万円の光子が1億個やってきたって電子は脱出できないよ。▶(1)(p.224, 225)で見たように，金属板に赤いサーチライトの強い光を当てても電子が飛び出さなかったのも同じ理由だ。よって，(2)は $h\nu_0 = W$ …② ……**答**

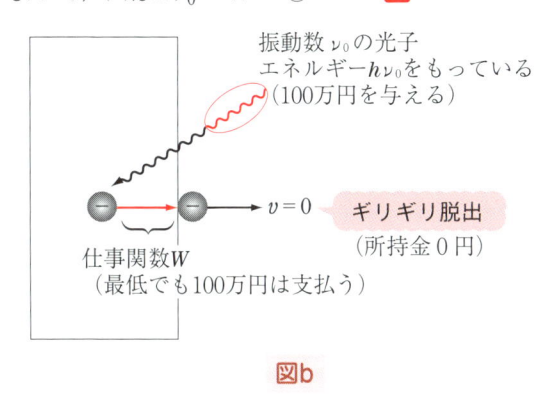

振動数 ν_0 の光子
エネルギー $h\nu_0$ をもっている
（100万円を与える）

$v = 0$ ギリギリ脱出
（所持金0円）

仕事関数 W
（最低でも100万円は支払う）

図b

POINT 4 《光電効果の３大基本式②》

$$h\nu_0 = W$$

この振動数 ν_0 を限界振動数という。
ν_0 より小さい振動数の光では，絶対に脱出できない。

第12章 光の粒子性

(3) **Step3** 飛び出した電子の運命は2通り

Step1 で飛び出した電子は，極板A，Bからなる「一種のコンデンサー」中を運動することになる。この運動の様子は，電極Aに対する電極Bの電位Vが正であるか，負であるかによって大きく違ってくる。

⑦ $V>0$ のとき（歓迎型）

図cのように，電極の電位が低いAは負に，高いBは正に帯電する。飛び出した電子は，すべてBに引きつけられて集められる（歓迎）。

このとき，A→Bへと渡った電子によって生じる電流を，光電流I〔A〕というよ（太陽電池に似ているね）。では，今，Vの値を10V，20V，30V，……と大きくしていくと，この光電流は大きくなる？　それとも小さくなる？

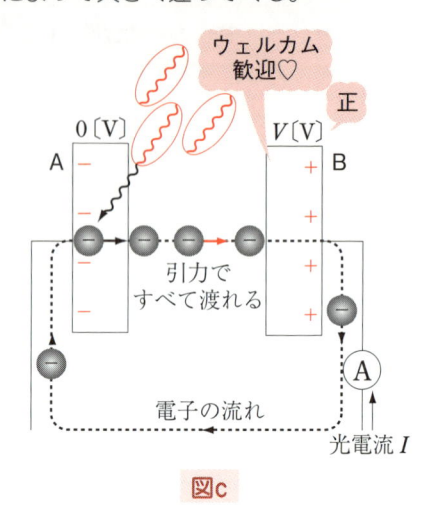

図c

> Vを大きくすれば，その分引力は強くなるから，当然光電流Iも大きくなります！

ブブー!!　引っかかったね。いいかい，確かにVを大きくすれば引力は強くなる。でも，よく考えてごらん。たとえば，今，光子が1秒間に50個しかやってこないとする。すると「1個の光子は1個の電子しか脱出させられない」ので，1秒間に渡れる電子の数は，どう頑張っても50個まででしょ。いくら引力を強くしたって（1秒間に）50個しか脱出してこないんだから（いくら運送会社が頑張ったって，工場で50個しか生産されなければ，50個より多くは届けられない），1秒間に通過する電子の数で決まる電流値は，それ以上に大きくはなれないんだ。

チェック1　$V>0$ ならば，Vを大きくしても光電流Iは一定

㋑ $V<0$ のとき(拒絶型)

図dのように，電極の電位が高いAは正に，低いBは負に帯電する。飛び出した電子はBから反発力を受けるので，速度の小さいものは押し返されてしまう（拒絶）。

よって，$|V|$ の値を大きくしていくと，A→Bへと渡れる電子の数が減ってしまうから，光電流 I は $|V|$ を大きくするほど減少する。

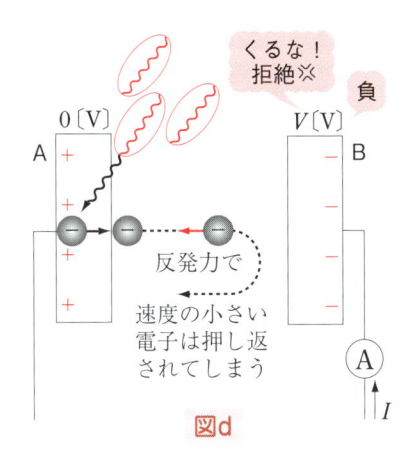

くるな！
拒絶※

0 [V]　　　負　　V [V]

A　　　　　　　B

反発力で
速度の小さい
電子は押し返
されてしまう

図d

チェック2　$V<0$ のときは，$|V|$ を大きくすると光電流 I は減少する

Step4　I-V グラフを作図する

以上の㋐㋑を図e……**答**のように，I-V グラフにまとめる。3つのチェックポイントに注目！

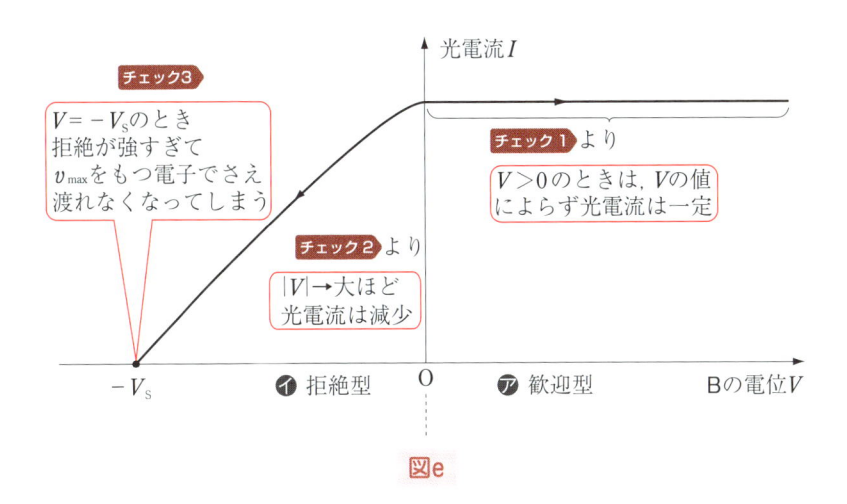

光電流 I

チェック3
$V=-V_S$ のとき
拒絶が強すぎて
v_{max} をもつ電子でさえ
渡れなくなってしまう

チェック1 より
$V>0$ のときは，V の値
によらず光電流は一定

チェック2 より
$|V|$→大ほど
光電流は減少

$-V_S$　　㋑ 拒絶型　　O　　㋐ 歓迎型　　Bの電位 V

図e

第12章　光の粒子性　235

(4) **Step 5** $I=0$ となるときの $V=-V_S$（阻止電圧という）を求める

図e チェック3 で見たように，$V=-V_S$（阻止電圧）のとき何が起こっているかい？ そう。そのとき，図fのように「拒絶」が激しすぎて，**最大速度 v_{max} をもつ電子でさえ，ちょうどA→Bへ渡れなくなってしまっている**んだ。

図fで，《エネルギー保存則》（詳しくは，電磁気編(p.72)も見て下さい）

$$\underbrace{\frac{1}{2}mv_{max}^2}_{\text{前の運動エネルギー}} = \underbrace{(-e)(-V_S)}_{\text{後の電気力による位置エネルギー}}$$

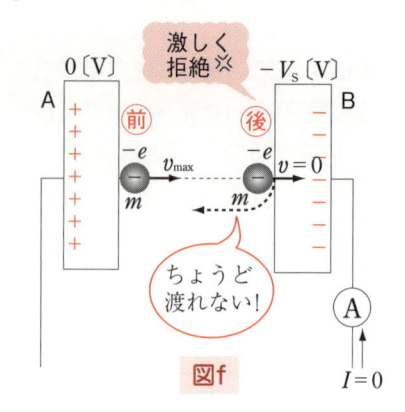

により $\frac{1}{2}mv_{max}^2 = eV_S \cdots ③$ ……**答**

の《光電効果の3大基本式③》が出てくる。

POINT 5 《光電効果の3大基本式③》

$$\frac{1}{2}mv_{max}^2 = eV_S$$

拒絶型の電圧の大きさを V_S（阻止電圧）以上にすると，最大速度をもつ電子でさえ渡れなくなり，光電流 I が0となる。

(5) **Step 6** 3大基本式からV_S-νグラフを作図する

①式に②③式を代入して，

$$h\nu = W + \frac{1}{2}mv_{max}^2$$

$$= h\nu_0 + eV_S$$

$$\therefore V_S = \frac{h}{e}(\nu - \nu_0) \cdots ④$$

よって，V_Sはνの1次式で**図g**……**答** のようにかける。このグラフからは，次の3つの物理量を読みとらせる問題がよくテストに出るよ。

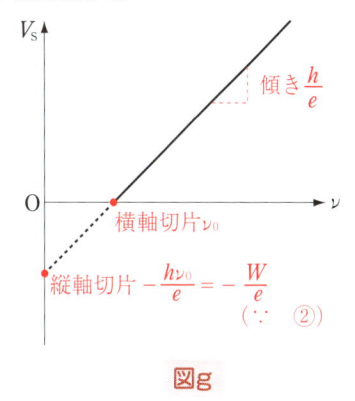

傾き $\frac{h}{e}$
横軸切片ν_0
縦軸切片$-\frac{h\nu_0}{e} = -\frac{W}{e}$
(∵ ②)

図g

プランク定数 h（傾き $\frac{h}{e}$ より）

仕事関数 W（縦軸切片$-\frac{W}{e}$ より）

限界振動数 ν_0（横軸切片ν_0 より）

(6) (i) 光の明るさを半分にするということは，1秒あたりに入射する光子の数を半分にすること。光子と電子は1対1のやりとりをするので，光子の数が半分になれば，光電子の数も半分になり，光電流Iも半分になる。

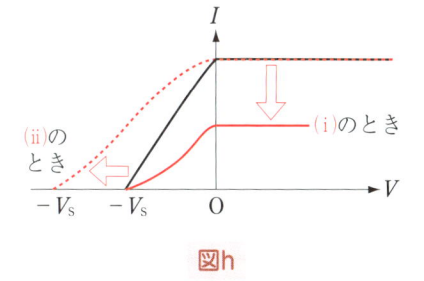

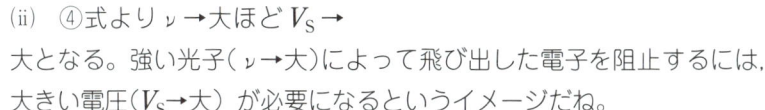

(ii) ④式よりν→大ほどV_S→大となる。強い光子（ν→大）によって飛び出した電子を阻止するには，大きい電圧（V_S→大）が必要になるというイメージだね。

以上より，それぞれ**図h**のように変化する。……**答**

図h

> **チェック問題 4** コンプトン効果　　標準 10分
>
> 波長 λ の X 線光子が，静止した質量 m の電子に当たり，波長 λ' となって θ 方向へ，電子は速さ v となって ϕ 方向へ飛んだ。
>
> (1) 衝突の前後での全エネルギー保存の式，および x, y 各方向の全運動量保存の式を立てよ。
>
> (2) このとき衝突前と衝突後とで光子の波長が伸びるが，その伸び $\lambda' - \lambda$ を角度 θ，質量 m，光速 c，プランク定数 h で表せ。必要なら $\dfrac{\lambda'}{\lambda} + \dfrac{\lambda}{\lambda'} \fallingdotseq 2$ の近似を用いよ。

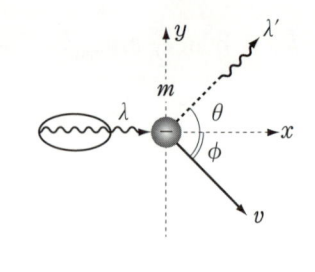

解説

> 光子と電子のビリヤードですか？　ますます光って粒子なんだなって実感がわいてきました。

そうなんだ。光はミクロのレベルで衝突実験をするとき，粒としての側面を強く見せてくれるんだね。

キミの言ったとおり，コンプトン効果では，光子 $\Big($ エネルギー $h\dfrac{c}{\lambda}$，運動量 $\dfrac{h}{\lambda}\Big)$ と電子との<u>弾性斜衝突</u>として考える。**Step 2** での式変形は，ワンパターンなので覚えよう。

では，コンプトン効果のストーリーを組み立てていくよ。

(1) **Step 1** 保存則の式を立てる

次の図で《全エネルギー保存則》より，

$$\underbrace{h\dfrac{c}{\lambda} + 0}_{前} = \underbrace{h\dfrac{c}{\lambda'} + \dfrac{1}{2}mv^2}_{後} \cdots ①$$

x, y 各方向の《全運動量保存則》より

$$\begin{cases} x: \underbrace{\dfrac{h}{\lambda}}_{\text{前}} = \underbrace{\dfrac{h}{\lambda'}\cos\theta + mv\cos\phi}_{\text{後}} \cdots ② \\ y: \underbrace{0}_{\text{前}} = \underbrace{\dfrac{h}{\lambda'}\sin\theta - mv\sin\phi}_{\text{後}} \cdots ③ \end{cases}$$ ……答

エネルギー $h\dfrac{c}{\lambda}$ 　運動量 $\dfrac{h}{\lambda}$

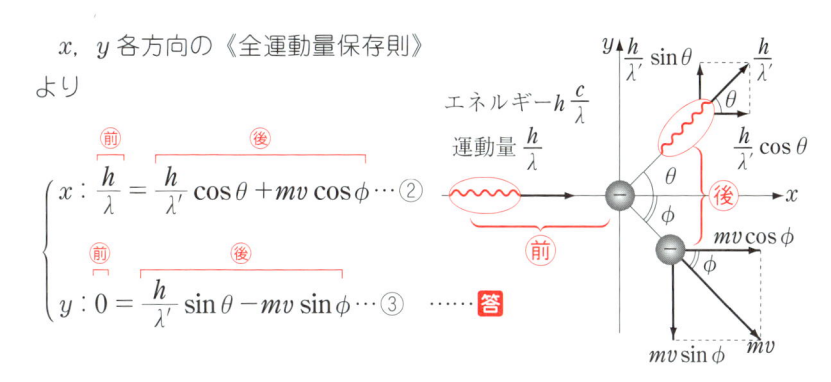

(2) **Step 2** 測定できない値 v, ϕ を消去し，波長の伸び $\lambda' - \lambda$ を求める

　コンプトン効果で測定できるのは，衝突後の光子の方向 θ とその波長 λ' だけなんだ。だから，①②③式から測定できない電子に関する量 v, ϕ を消去していく。

②より，$mv\cos\phi = \dfrac{h}{\lambda} - \dfrac{h}{\lambda'}\cos\theta \cdots ②'$

③より，$mv\sin\phi = \dfrac{h}{\lambda'}\sin\theta \cdots ③'$

$(②'^2 + ③'^2) \div 2m$ より ϕ を消去して，

$$\dfrac{1}{2}mv^2 = \dfrac{h^2}{2m}\left\{\left(\dfrac{1}{\lambda}\right)^2 + \left(\dfrac{1}{\lambda'}\right)^2 - 2 \times \dfrac{1}{\lambda\lambda'}\cos\theta\right\} \cdots ④$$

($\cos^2\phi + \sin^2\phi = 1$, $\cos^2\theta + \sin^2\theta = 1$ を用いた。)

④を①に代入して，v を消去して，

$$\dfrac{hc}{\lambda} = \dfrac{hc}{\lambda'} + \dfrac{h^2}{2m}\left\{\left(\dfrac{1}{\lambda}\right)^2 + \left(\dfrac{1}{\lambda'}\right)^2 - 2 \times \dfrac{1}{\lambda\lambda'}\cos\theta\right\}$$

$\therefore\ hc\left(\dfrac{\lambda' - \lambda}{\lambda\lambda'}\right) = \dfrac{h^2}{2m}\left\{\left(\dfrac{1}{\lambda}\right)^2 + \left(\dfrac{1}{\lambda'}\right)^2 - 2 \times \dfrac{1}{\lambda\lambda'}\cos\theta\right\}$

$\therefore\ \lambda' - \lambda = \dfrac{h}{2mc}\left(\dfrac{\lambda'}{\lambda} + \dfrac{\lambda}{\lambda'} - 2\cos\theta\right)$

入試に出るおきまりの式変形なので，十分に慣れておくこと。

ここで与えられた近似を用いると，

$$\lambda' - \lambda \fallingdotseq \dfrac{h}{mc}(1 - \cos\theta)$$ ……答

例えば，$\theta=0$ では $\lambda'-\lambda=\dfrac{h}{mc}(1-1)=0$ だけど，どんなイメージ？

> $\theta=0$ ということは，空振り三振。全く衝突していないから，何も変化していないのは当たり前です。

そうだ。では，$\theta\to$ 大ほど，$\lambda'-\lambda$ は大きくなる，小さくなる？

> $1-\cos\theta$ は大きくなるから，そう，$\theta\to$ 大ほどバチーン!! と激しく衝突して，$\lambda'-\lambda$ は大きく変化しています。

まさに，**光子と電子のビリヤード**が実感できるでしょ。

以上のようにして，光子のエネルギー $h\dfrac{c}{\lambda}$ と運動量 $\dfrac{h}{\lambda}$ が実証されたのだ。

> 問題ごとのストーリーを1つひとつまとめ，何も見ないで展開できるようにしておこう！

●第12章●
ま と め

1 現代(原子)物理学の3つの新常識
① 光は，粒でもある。
② 電子は，波でもある。
③ 質量は，消えたり生じたりすることもある。

2 電子の発見のストーリー
① トムソンの陰極線の実験→電子の比電荷 $\dfrac{e}{m}$ の測定
② ミリカンの実験→電気素量 e の測定

3 アインシュタインの光子仮説
振動数 ν，波長 λ，光速 c の光は，次のような光子の流れともみなせる。

質量 $m=0$　　　　1粒あたりの

c(一定)

$$\begin{cases} \text{エネルギー} \quad E = h\nu = h\dfrac{c}{\lambda} \; (=Pc) \\ \text{運動量} \quad P = \dfrac{h}{\lambda} = h\dfrac{\nu}{c} \; \left(=\dfrac{E}{c}\right) \end{cases}$$

($h = 6.63 \times 10^{-34}$ J·s：プランク定数)

4 光電効果の3大基本式①②③を求めるストーリー
① 光電方程式　　1個 $\times h\nu = W + $ 1個 $\times \dfrac{1}{2}mv_{\max}^2$
② 限界振動数 ν_0　$h\nu_0 = W$
③ 阻止電圧 V_S　$\dfrac{1}{2}mv_{\max}^2 = eV_S$

5 コンプトン効果のストーリー
光子と電子の弾性斜衝突とみなす(おきまりの式変形)。

第13章 電子の波動性

すりぬけの術

身分の術

▲原子の世界では誰もが忍者

Story 1 電子波

▶(1) ド・ブロイの類推

　今まで波の性質のみをもっていると思われていた光が，粒としての性質ももっていることが分かったね。
　すると，今まで粒の性質のみもっていると思われていた電子も，ひょっとしたら，そう，波の性質ももっているのではないかと考えたスルドイ人が出てきた。元歴史学者という異色の経歴をもつ物理学者ド・ブロイで1923年のことだ。

19世紀（1801〜1900年）	
光 とは	波の性質のみ
電子とは	粒の性質のみ

もしかすると →

20世紀（1901〜2000年）	
光 とは	粒の性質も
電子とは	波の性質も？

図1　類推（アナロジー）しよう

242　原子編

POINT1 ド・ブロイの電子波仮説

質量 m，速さ v で走り，運動量 $P=mv$ をもつ電子は，次のような波動(電子波)ともみなせる。

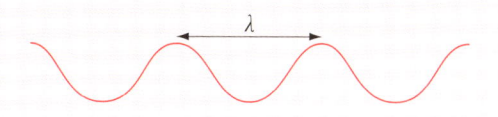

波長 $\lambda = \dfrac{h}{P} = \dfrac{h}{mv}$

($h = 6.63 \times 10^{-34}$ 〔J·s〕：プランク定数)

> この $\lambda = \dfrac{h}{P}$ という式は，光子の運動量の式 $P = \dfrac{h}{\lambda}$ を単に逆にしただけじゃないですか。

その通り。ド・ブロイ自身も，そのように類推して，この式をつくったんだ。

> あれ！ 波だから，波の基本式 $v = f\lambda$ は成立しないんですか？

じつは成立しないんだ。この v というのは，あくまでも粒としての電子の速さ v であって，波形の平行移動の速さではないんだね。このあたりの話も大学の量子力学になってしまう。とにかく，今は電子波の波長 λ のみが定義されていると思ってほしい。

> 粒としての電子が波の性質ももっているなら，もしかしたら，目の前の机や私たちの体も……，ひょっとして，波なんですか？

じつにその通り！

え〜！　でも，ボクの体は波うってなんかいないですよ。

じゃあ，ちなみにキミの体重が，$m=66$kg として，速さ $v=1$m/s で動いているとしよう。では，ド・ブロイがつくった式を使って，波長 λ を計算すると，

$$\lambda = \frac{h}{mv}$$
$$= \frac{6.6 \times 10^{-34}}{66 \times 1}$$
$$= 1.0 \times 10^{-35} \text{[m]}$$

図2　波うつ体!?

なんと，10^{-35}m の波長!!　こんなの目に見えるかい？　ムリでしょ。そう，日常生活のスケールでは，この波の性質は，全く目立たないんだ。しかし，**もしキミが原子サイズの体になって生活していたら，すべてのモノは激しく波うっているはずだよ**。そして，互いに重なり合ったり，干渉したり，透過したり，回折したり，波としての性質を十分に発揮できているはずだよ。

たとえば，電子顕微鏡で観察したウイルスの写真を見たことがあるでしょ。そこでは，電子波を光波の代わりに使用して，「レンズ」で電子波を屈折させて拡大像を見ているんだ。

コンピューターのLSIでもこの性質を十分に使っているんだよ。

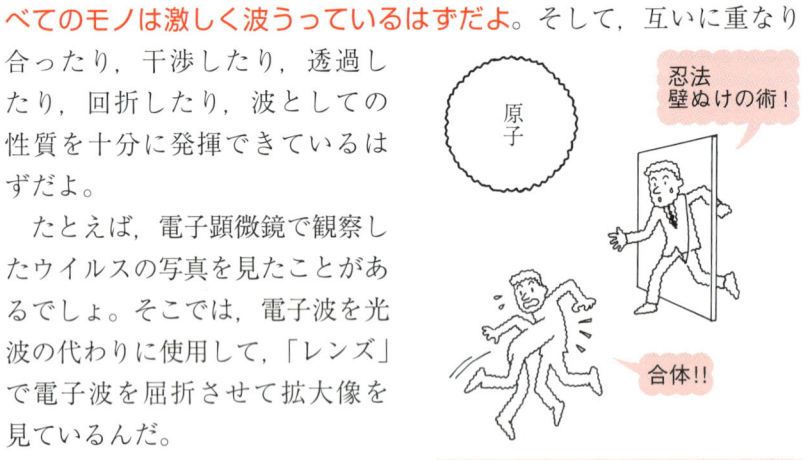

図3　原子の世界では波の性質が目立つ

たとえば，本来電流の流れることができない絶縁体の壁も，非常に薄くしていくと電子が波として通り抜けられるようになる「トンネル効果」などだ。

チェック問題 ① 電子波の干渉　　標準 10分

プランク定数を h とする。

電圧 V で加速した電子（質量 m, 電荷 $-e$）を間隔 d で並んだ原子面と θ の方向に照射し, θ の方向に散乱される電子線の干渉を考える。

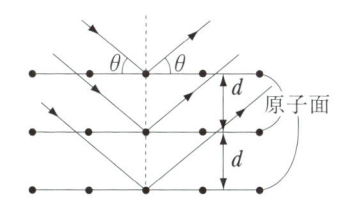

(1) 電圧 V で加速した電子の速さ v を求めよ。
(2) (1)の電子がもつ電子波の波長 λ を求めよ。
(3) 反射電子線が強め合うための加速電圧 V の値を自然数 n を用いて求めよ。

解説　1927年に行われた，電子が波の性質ももつことを確かめた有名な実験だ。またまた，原子のおきまりストーリーをステップ式でまとめながら解いていこう。

(1) **Step 1**　電圧 V で加速した電子線の波長 λ を求める

　電子を電圧 V で加速するということは，どういうことですか？

「電圧 V で加速する」ときたら，図aのようなコンデンサーの図を必ずかく。

　この装置は，コンデンサー内の電界から受ける電気力によって電子を打ち出す装置で，「電子銃」ともよばれているんだ。

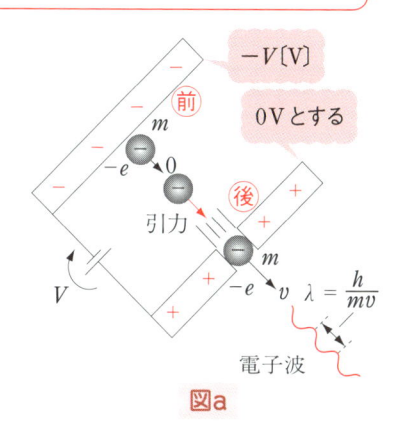

図a

ここで、《エネルギー保存則》より、

$$(-e)(-V) = \frac{1}{2}mv^2$$

前の電気力による位置エネルギー ＝ 後の運動エネルギー

$$\therefore\ v = \sqrt{\frac{2eV}{m}} \cdots ①\ \cdots\cdots 答$$

(2) 電子波の波長は **POINT1** (p.243)より、

$$\lambda = \frac{h}{mv} = \frac{h}{\sqrt{2meV}} \cdots ②\ \cdots\cdots 答$$

①より

あとは、光と全く同様に、回折・屈折・干渉を考えていいよ。

(3) **Step2** 波長λの電子波の行路差を求め、干渉条件を考える

図bで光波と同じく
光の《干渉の原則1》(p.163)より、強め合うには、

$$\underbrace{2 \times d\sin\theta}_{\text{行路差}} = n\lambda \quad (n：自然数)$$

②を代入して、

$$2 \times d\sin\theta = \frac{nh}{\sqrt{2meV}}$$

$$\therefore\ V = \frac{n^2h^2}{8d^2me\sin^2\theta}\ \cdots\cdots 答$$

> 2枚の薄い鏡のイメージ

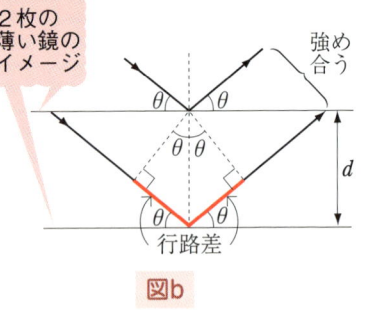

図b

反射による位相のずれは？

反射による位相のずれは、上下の面は、ともに同等の反射なので、相殺されてしまうから、考えなくてもいいんだ！

Story ❷ 原子モデル

第12章 Story ❷ でトムソンが1897年に電子を発見したことを話したね。この電子は，すべての物質に共通に含まれる負の電気をもった粒子だ。

一方，物質というのは全体としては電気的に中性だ。

よって，物質中には，負の電気を打ち消すような正の電気をもった部分が存在するはず。

この「正の電気をもった部分」が，原子の中でどのように分布しているかについて，1903年トムソン自身は次のモデルを定唱した。これは図4のように正の電荷が原子の中に球状に広がって分布しており，その中に電子がちらばって存在しているものだ。まるで「ブドウパン」（パンが正電荷，ブドウが電子）のようだね。

同じ年，日本の長岡半太郎は図5のように中心に大きな正の電気の核があり，その周りを電子が回っているという原子モデルを提唱した。まるで「土星とその輪」のような形をしているね。

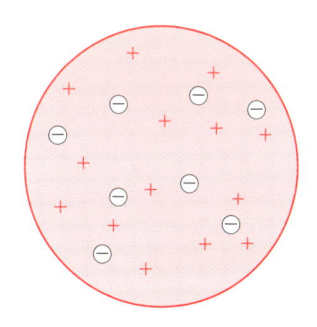

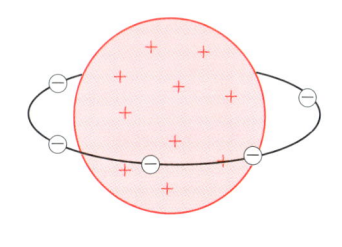

図4　トムソンの原子モデル　　図5　長岡の原子モデル

どちらのモデルが正しいかは，1909年ラザフォードらによって次ページの図6のように，α粒子(p.266)という重い小さな正の電気をもった粒子の流れを金の原子に衝突させる実験によって判定されるはずであった。

しかし，実際に実験をしてみると，思いもよらない結果が出た。

第13章　電子の波動性

なんと，α粒子の流れの一部に，「カキーン」と180°はね返ってくるα粒子があったのだ。図4のトムソンモデルでも，図5の長岡のモデルでも，正の電気は空間的に「広がって分布」しているので，α粒子の進路を曲げることはあっても，180°はね返すことなどありえない。
　この結果を分析したラザフォードは1911年図7のように原子の中心には極めて微小な正の硬くて重い電気をもつ芯（原子核）があるという新たな原子モデルを提唱した。

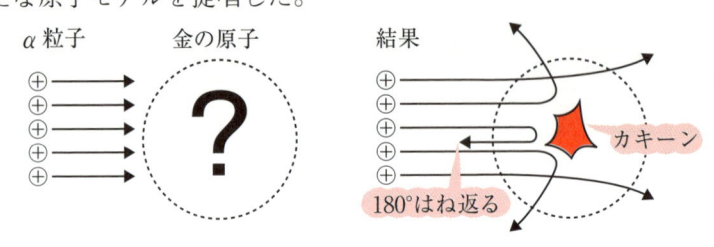

α粒子　　金の原子　　結果
　　　　　　　　　　　　　　　カキーン
　　　　　　　　　　180°はね返る

図6　ラザフォードらの実験

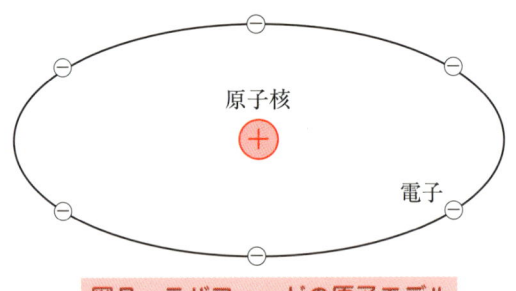

原子核
電子

図7　ラザフォードの原子モデル

やっとこれで，一件落着ですか？

　いいや。このモデルでも，クルクル回る電子の速ささえ適当に選べば，電子はどんな半径でもとりうるでしょ。つまり，原子のサイズは不定になってしまうという問題点を抱えていた。その問題点を最終的に解決したのが1913年のボーアの理論で，次の例題で扱うことにしよう。

チェック問題 ❷ ボーアの原子モデル　標準 25分

プランク定数を h，光速を c，クーロン定数を k とする。電荷 $+Ze$（Z は原子番号）の原子核の周りの半径 r の円軌道を，質量 m の電子（電荷 $-e$）が速さ v で回っている。

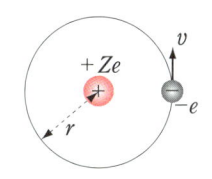

この電子にはたらく原子核からのクーロン引力と遠心力とがつり合っている。そのつり合いの式は (1) となる。また，その電子がもつ全エネルギー E は，運動エネルギーと電気力による位置エネルギーの和である。この全エネルギーは $E =$ (2) と，k，Z，e，r を用いて表せる。

次に，この電子を波と見ると，その波長 λ は $\lambda = \dfrac{h}{mv}$ である。円軌道上にこの波長がぴったり n（自然数）個入れる条件式は (3) となる。これが円軌道上に電子が波として安定して存在できる条件である。

電子は粒とも波ともみなせるので，(1)と(3)を同時に満たせる半径が実際に存在しうる半径となる。原子核に近い方から数えて n 番目の軌道の半径 r_n とそのエネルギー準位 E_n を m，e，k，h，n，Z を用いて表すと，$r_n =$ (4)，$E_n =$ (5) となる。このように，電子は n で決まるとびとびの半径とエネルギーをもつ軌道上のみを回ることができる。

通常，原子中の電子は $n=1$（基底状態）にある。このときが半径，エネルギーともに最も小さい。原子にエネルギーを投入していくと n が大きくなり（励起状態），半径，エネルギーともに大きくなっていく。

高いエネルギーの励起状態にある電子が，より低いエネルギー状態に落ちこむと，その差の分のエネルギーをもつ光子が発生する。とくに，$n=n_2$ の状態から $n=n_1(<n_2)$ の状態に移るときに発生する光の波長 λ_{21} を求めると，$\lambda_{21} =$ (6) となる。

第13章　電子の波動性

解説 うあ～，長い問題文ですねえ。

大丈夫。この原子モデルの問題では，おきまりのストーリーがあるんだ。1つひとつのステップを追ってみよう。

(1) **Step 1** 電子を粒子とみなし，その円運動を考える

図aのように，電子はクーロンの法則により，中心電荷から $k\dfrac{Ze^2}{r^2}$ の力を受け円運動をする。

また，《回る人》(力学編(p.191)も見て下さい)から見ると，遠心力は，

$$m\dfrac{v^2}{r}$$ となるね。

それらの力のつり合いの式は，

$$m\dfrac{v^2}{r} = k\dfrac{Ze^2}{r^2} \cdots ①$$ ……**答**

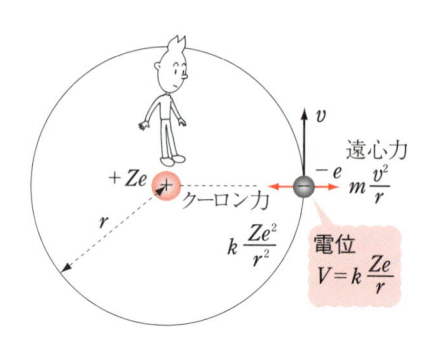

図a

(2) 中心の $+Ze$ [C]の点電荷は，半径 r だけ離れた電子のいる位置に電位 $V = k\dfrac{Ze}{r}$ [V]をつくるね(電磁気編(p.88)も見て下さい)。

この電位の中に $-e$ [C]の電子が置かれているので，その電気力による位置エネルギーは，$(-e) \times k\dfrac{Ze}{r}$ [J]となるね。

よって，この電子のもつ全エネルギー E は，

$$E = \underbrace{\dfrac{1}{2}mv^2}_{\text{運動エネルギー}} + \underbrace{(-e)k\overset{\text{⊕が⊖の位置につくる電位}}{\dfrac{Ze}{r}}}_{\text{電気力による位置エネルギー}}$$

この式に①を代入し，mv^2 を消去して，

$$E = \frac{1}{2}k\frac{Ze^2}{r} - k\frac{Ze^2}{r} = -\frac{kZe^2}{2r} \quad \cdots ② \quad \cdots\cdots 答$$

> あれ，このエネルギー E はどうして負なの？

　それは，電気力による位置エネルギーの基準点を最も高い無限遠にとったからだよ。いちばん高いところをエネルギー０にしてしまったら，それより低いところではエネルギーが負になっちゃうでしょ。

(3) **Step2** 電子を波とみなし，その安定条件を考える

　円軌道上に，電子が波として安定して存在できるためには，図b(i)のように，円軌道上で電子波がぴったり整数個入って閉じる必要がある（もし閉じないと図b(ii)のように，１周目の波と２周目の波と３周目の波……の多くの波が全くでたらめに重なってしまい，その合成波の変位は０となって消えてしまう）。

　　よって，安定条件：$2\pi r = n \times \dfrac{h}{mv} \quad \cdots ③ \quad \cdots\cdots 答$

　　　　　　　　　　１周の長さ　整数　電子波の波長(p.243より)

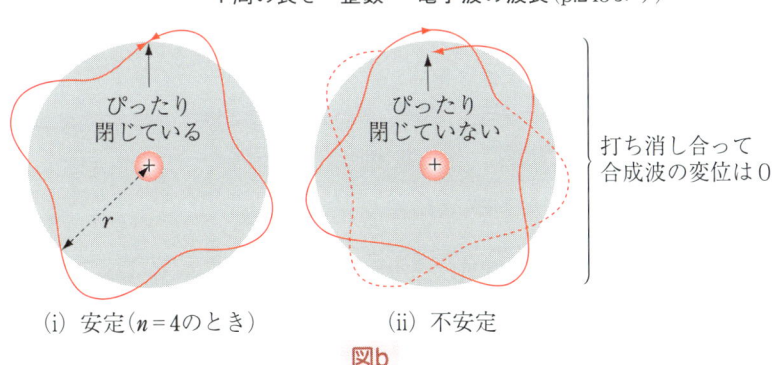

(i) 安定（$n=4$のとき）　　(ii) 不安定

打ち消し合って合成波の変位は０

図b

> まるで **第3章** の，弦にぴったり整数個の「イモ」が入る固有振動の話(p.47)と似ています。弦が丸まったみたい。

　いいイメージだよ。

第13章　電子の波動性　251

(4) **Step 3** 電子は粒，波両方であるから①，③の共通解をとる

③を v について解いて，①に代入すると，

$$\frac{m}{r} \times \left(\frac{nh}{2\pi mr}\right)^2 = k\frac{Ze^2}{r^2}$$

∴ $r = \dfrac{h^2}{4\pi^2 mkZe^2} \times n^2$ （$=r_n$ とおく）…④ ……**答**

ここで質問。n が 1，2，3，4，……と大きくなるほど，④の半径 r_n は大きくなる，小さくなる？

> ④は n^2 に比例して，1，4，9，16，……と大きくなります。

そうだ。半径は n とともに大きくなるんだね。だって，n はもともと「1周の中に何個波長が入れるか」でしょ。たくさんの波長が入れる軌道ほど，大きい半径をもつのはあたりまえのことだよね。

(5) ④を②に代入して，

$$E = -\frac{2\pi^2 mk^2 Z^2 e^4}{h^2} \times \frac{1}{n^2} \quad （=E_n とおく）…⑤ \quad ……\text{答}$$

ここで，また同じ質問。n が 1，2，3，4，……と大きくなるほど，⑤のエネルギー E_n は大きくなる，小さくなる？

> 今度は，⑤で $\dfrac{1}{n^2}$ に比例して，$\dfrac{1}{1}$，$\dfrac{1}{4}$，$\dfrac{1}{9}$，$\dfrac{1}{16}$，……と小さくなります。

ブブー！ 引っかかったね。⑤の E_n の符号は正かい，負かい？

> ヤベ！ マイナスだ。すると，$-\dfrac{1}{n^2}$ に比例して，$-\dfrac{1}{1}$，$-\dfrac{1}{4}$，$-\dfrac{1}{9}$，$-\dfrac{1}{16}$，……そう，大きくなっていきます。

そうだね。マイナスの数の世界では，分母が大きいほど0に近くなり，大きい数になるんだね（**例** $-\dfrac{1}{100}$ は $-\dfrac{1}{2}$ より大きい）。

まとめると，図cのように，電子は n によって決まる特定のとびとびの半径 r_n とエネルギー E_n をもつ軌道のみ回ることができる。まるで，透明なレールの上しか通れない電車のようだね。あらかじめ決まった道しか走れない。

そして，$n=1$ のとき，半径とエネルギーがともに最小で，この状態を基底状態（一番底というイメージだね）という。また，$n=2，3，4，$……と大きくなると，半径 r_n，エネルギー E_n ともに大きくなっていく。この状態を励起状態（エネルギーを加えて，励まして起こしてもち上げた状態というイメージだね）という。

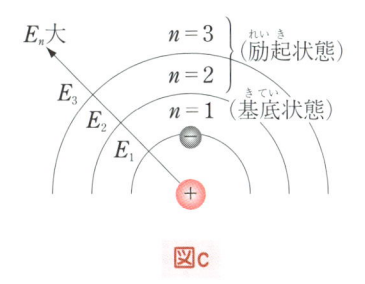

変なことを質問するけど，アメリカの水素原子と日本の水素原子では，どっちがビッグサイズ？

> えーと，マク○ナルドならアメリカの方がビッグサイズだけど，水素原子は，世界，いや，宇宙どこでも共通の大きさです。

それって，ものスゴイことじゃない？ もし，**Step1** のように，電子が粒の性質のみをもっているとしたら，速さ v さえ調節すれば，どんな半径の軌道だって回ったっていいはずでしょ。それが **Step2** のように，電子が波の性質をもっていて，その波がぴったり閉じるという，とっても厳しい条件があったおかげで，半径 r が宇宙普遍の定数 $m，e，k，h$ でガッチリ決まってしまったんだね。つまり，宇宙のどこでも水素原子の大きさは統一されることになるんだよ。

> 電子が波になるなんて信じられませんでしたが，波になっているおかげで，原子の安定性や統一性が保証されるんですね。

その通り。この宇宙はとっても合理的にできているんだね。

第13章 電子の波動性

(6) **Step 4** 電子から放射される光の波長を求める

　図dのように，電子がエネルギーの高い軌道から低い軌道に移るとき，**余ったエネルギーが光子（エネルギーのカタマリ）として放出される。**その波長 λ は

$$h\frac{c}{\lambda_{21}} = E_{n_2} - E_{n_1} \text{ より,}$$

p.226の光子のエネルギーの式より,

$$\therefore \lambda_{21} = \frac{hc}{E_{n_2} - E_{n_1}}$$

$$= \frac{h^3 c}{2\pi^2 m k^2 Z^2 e^4} \times \frac{n_1^2 n_2^2}{n_2^2 - n_1^2} \cdots\cdots \boxed{答}$$

(∵ ⑤で $n = n_1$, $n = n_2$ としたものを代入した)

ところで，キミは化学で炎色反応という実験をやったことある？

> あります。火であぶると，その元素特有の色が出るやつでしょ。Naは黄色，Liは赤，Cuは緑でしたっけ。

そう。その原理がまさに，この(6)の 答 なんだよ。

> どういうこと？

原子から出る光の色（波長 λ_{21}）がホラ，その元素の種類（原子番号 Z）によって決まるでしょ。元素特有の色が出るわけだよ。

> なるほど。化学の基本の実験結果が数式だけで解き明かされていくのですね。

それが大学で学ぶ量子化学だ。化学反応を電子や電子波で分析していくムチャクチャ面白い学問だよ。

　それにしても不思議だね。原子のカタマリに過ぎないボクたちが原子のことを考えているなんて……。

Story ③ X線

1895年にレントゲンは陰極線の実験(p.218)をしているときに，実験室内の黒い紙で包んで全く光が入らないようにしてあったはずの写真フィルムが，感光していることに気づいたんだ。**X線**と名づけられたその放射線は，強い透過性をもち，電界や磁界によって曲がらないことから，電気を帯びた荷電粒子の流れではなく，非常に波長の短い電磁波(高エネルギーの光子)であることが分かった。

現在では，その強い透過性を利用して，病院ではレントゲン撮影による診断，空港などでは荷物のチェックなどに幅広く活用されているね。

X線を発生させるには，**図8**のように<u>フィラメントで加熱して出てきた熱電子を，高電圧で加速し，陽極のターゲット金属に「ゴツーン！」と衝突させて，その際の運動エネルギーの減少分を光子(＝エネルギーのカタマリ)として放出させる</u>。これがX線の発生装置だ。

> まるで，ピューンと走ってきた電子が，壁に顔をゴツーンとぶつけて目から火花が出るみたいですね。

ここで，放出されるX線の波長と，その波長をもって飛び出してくる光子の数(X線の強度)の関係を調べると**図9**のようになる。これをX線のスペクトルという。そのスペクトルは次の2つの部分からなる。

⑦　連続的に分布するX線(**連続X線**)で最短波長 λ_{min} をもつ
④　ピーク状に分布するX線(**特性X線**)で特定の波長 λ_1, λ_2 に集中する

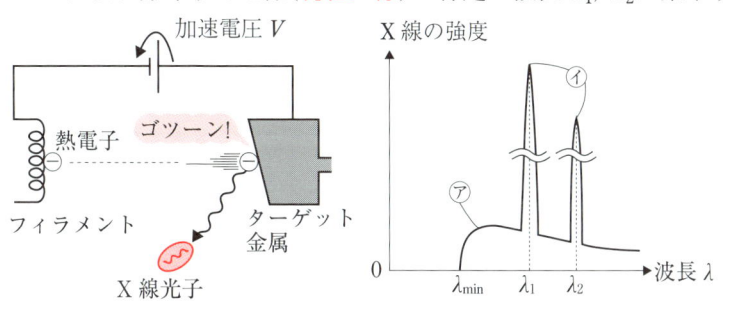

図8　X線の発生装置　　　　図9　X線のスペクトル

連続って何が連続しているんですか。そもそも図9の見方が全然分からないです。

たとえば，ある選挙で全部で10000人の人が投票したとしよう。その開票の結果のイメージを図10に表すよ。

A氏に　　0票，B氏に　500票，
C氏に1000票，D氏に6000票，
E氏に1500票，F氏に1000票入ったとしよう。

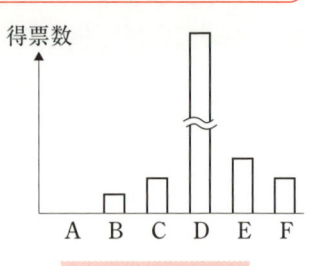

図10　開票結果

D氏が人気ですね！
A氏は残念！

そうだね。これと全く同様に，発生した光子（X線）を合計で，たとえば10000個として，そのX線を各波長ごとに集計し，この波長をもつX線は20個発生，あの波長では50個発生……というように，各波長ごとに発生したX線の個数をまとめたのが図11のグラフなんだ。

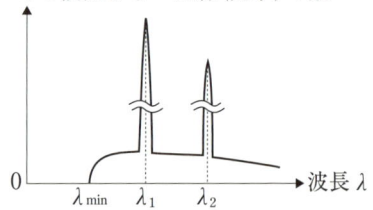

図11　X線の波長λによる分布

波長λ_1と波長λ_2がずいぶん「人気」ですね。また，λ_{min}以下の波長のX線は全く出ていませんね。

そうだね。まず分かることは，波長λ_1，λ_2をもつX線の数が圧倒的に多いことだ。この波長λ_1，λ_2をもつX線を特性X線というんだ。なぜ特性X線というかといえば，このX線の波長λ_1，λ_2は加速電圧Vに関係なく，図8のターゲット金属の種類に特有の性質だけで決まってしまうからだ。また，ある最短波長λ_{min}よりも長い波長をもち，連続的にダラダラと分布するX線を連続X線というんだ。

POINT 2　2種のX線の波長λの分布

(ア) 連続X線：最短波長λ_{min}よりも長い波長領域に連続的に分布
(イ) 特性X線：ターゲット金属の種類のみで決まる特定の波長をもつ

チェック問題 3 X線（連続X線） 標準 12分

(1) p.255の図8で加速電圧Vのとき，ターゲット金属と衝突する直前の電子の速度v，および連続X線の最短波長$\lambda_{\min}$を求めよ。ただし，光速をc，プランク定数をh，電子の電荷を$-e$，質量をm，フィラメントから出た直後の電子の速さを0とする。

(2) (1)で加速電圧Vを増加させるとき，p.255の図9のX線のスペクトルの形の変化の様子を説明せよ。

(3) チェック問題 1 (p.245)の格子面の間隔がdの結晶に対して(1)のX線を用いて，X線回折を利用して格子間隔を測定する。そのために必要な加速電圧Vの最小値を求めよ。

解説

(1) 《連続X線の発生ストーリー2ステップ》で解こう。

Step1 電子を高電圧Vで加速する。

チェック問題 1 (p.245)でも見たように，図aのような陰極（フィラメント）と陽極（ターゲット金属）からなる一種の「コンデンサー」で加速する。
《エネルギー保存則》より，

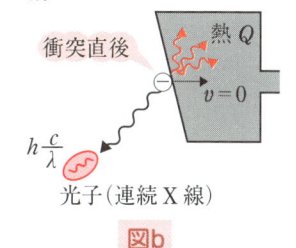

$$(-e)(-V) = \frac{1}{2}mv^2$$

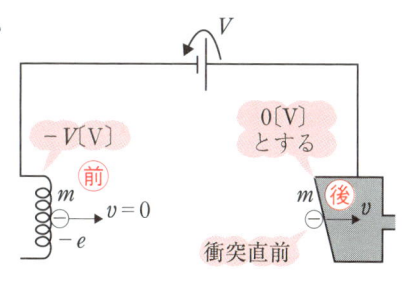

前の電気力による位置エネルギー ＝ 後の運動エネルギー

$$\therefore\ v = \sqrt{\frac{2eV}{m}}\ \cdots\cdots\text{答}$$

Step2 加速された電子が，ターゲット金属に衝突したときに発生する光子（X線）の波長を求める。

図bのように衝突後，発生する熱をQ，光子の波長をλとすると，
《エネルギー保存則》より，

$$(-e)(-V) = \frac{1}{2}m\cdot 0^2 + h\frac{c}{\lambda} + Q$$

<u>図aの前のエネルギー</u>　<u>図bのエネルギーの和</u>

$$\therefore\quad \lambda = \frac{hc}{eV-Q} \quad (Q\text{が小さいほど，}\lambda\text{は小さくなる})$$

ここで，**1回1回ごとの衝突によって発生する熱Qは，アットランダムにいろいろな値をとる**ね。

だから，そのときに発生する**X線の波長λもいろいろな値をとる**。

よって，波長分布が連続的に分布することになる。これが連続X線の意味だ。その中でも，最も短い波長λ_{min}になるのは，**$Q=0$のとき**で

$$\lambda_{min} = \frac{hc}{eV-0} = \frac{hc}{eV} \cdots ① \quad \cdots\cdots\boxed{答}$$

(2) 加速電圧Vを大きくすると，**図cのように全体の強度が強くなる**とともに，

(ⅰ) **連続X線**は，①式より，その**最短波長λ_{min}が小さくなる。**
　　（$\lambda_{min} \to \lambda_{min}'$へ）

(ⅱ) **特性X線**はターゲット金属の種類のみで決まるので，その波長λ_1, λ_2は**変わらない。**

$\boxed{答}$は図c

(3) X線も光の一種なので干渉する。**図dのように，間隔dの格子面で干渉するためには，X線がdの往復分$2d$以下に収まるような波長をもたないと，強め合う条件を満たせないので，**

$$\lambda_{min} \le 2d$$

①を代入して，

$$\frac{hc}{eV} \le 2d \quad \therefore\quad V \ge \frac{hc}{2ed} \cdots\cdots\boxed{答}$$

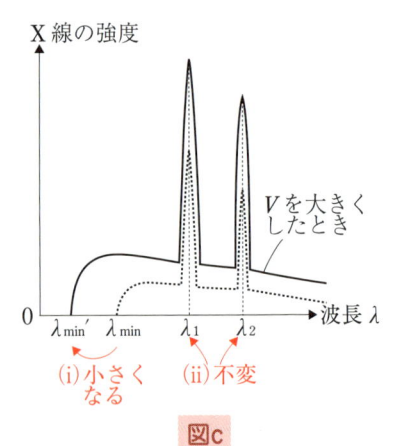

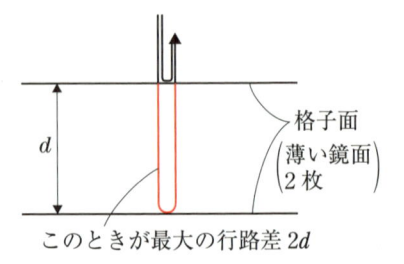

図c　X線の強度／Vを大きくしたとき／λ_{min}'　λ_{min}　λ_1　λ_2／波長λ／(ⅰ)小さくなる　(ⅱ)不変

図d　格子面（薄い鏡面）2枚／このときが最大の行路差$2d$

チェック問題 4　X線（特性X線）　やや難　15分

チェック問題 2（p.249）で扱った原子番号Zの原子を考える。p.255の**図8**でのターゲット金属がこの原子からできているものとする。

すると，p.252の⑤式により，中心から数えてn番目の軌道を回る電子のエネルギー準位はZとnの関数として，

$$E(Z, n) = -E_0 \frac{Z^2}{n^2}$$

と書ける。ここで$E_0 = \dfrac{2\pi^2 mk^2 e^4}{h^2}$である。

今，フィラメントから加速されてきた電子がターゲット金属原子の$n=1$の軌道の電子をはねとばし，空いた$n=1$の軌道に$n=2$の軌道電子が移るときに発生する特性X線の波長が$\lambda = 1.8 \times 10^{-10}$〔m〕であったとき，このターゲット金属の原子番号$Z$を求めよ。ただし，水素原子の場合，電子が$n=3$の軌道から$n=2$の軌道に移るときには$656.3 \times 10^{-9}$〔m〕の可視光を発する。

解説

　一体ぜんたいどうやって特性X線が発生しているのかイメージできません。

では《特性X線の発生ストーリー3ステップ》でイメージしよう。

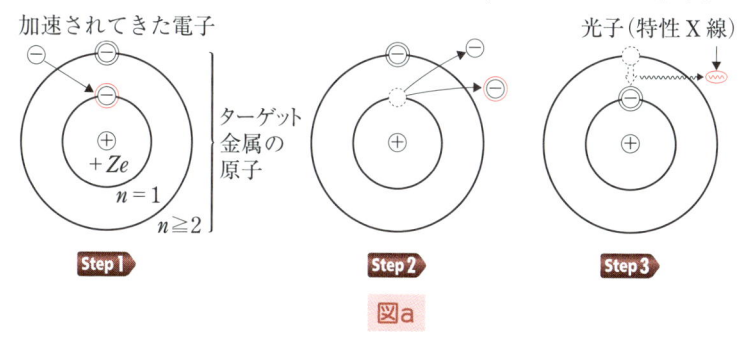

図a

Step 1　加速されてきた電子／ターゲット金属の原子／$+Ze$／$n=1$／$n \geqq 2$

Step 2

Step 3　光子（特性X線）

Step 1 電圧Vで加速させてきた電子$\ominus$がターゲット金属の原子に近づく

Step 2 その電子$\ominus$が原子の$n=1$の軌道にある電子$\ominus$をたたき出し，$n=1$の軌道に空席$\bigcirc$が生じる。

Step 3 その空席に$n\geqq 2$の軌道にある電子$\ominus$が落ちこむ際に，余ったエネルギーが光子(特性X線)の形で放出される。

> まるで一種の「ダルマ落とし」みたいですね。

まさにその通り！　ここで，本問で分かっていることは，図bのように水素原子$(Z=1)$の$n=3$から$n=2$の軌道に移るときに出てくる光子の波長が$\lambda_{32}=656.3\times 10^{-9}$〔m〕ということだ。《エネルギー保存則》と与式より，

$$h\frac{c}{\lambda_{32}}=E(1,\ 3)-E(1,\ 2)$$
$$=E_0\left(\frac{1^2}{2^2}-\frac{1^2}{3^2}\right)\cdots ①$$

図b

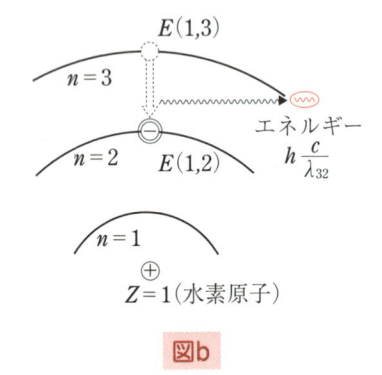

ここで，求めるターゲット金属の原子番号をZ'とすると，$n=2$から$n=1$の軌道に移るときの特性X線の波長が$\lambda_{21}'=1.8\times 10^{-10}$〔m〕なので，図cより，

$$h\frac{c}{\lambda_{21}'}=E(Z',\ 2)-E(Z',\ 1)$$
$$=E_0\left(\frac{Z'^2}{1^2}-\frac{Z'^2}{2^2}\right)\cdots ②$$

辺々①÷②して，

$$\frac{\lambda_{21}'}{\lambda_{32}}=\frac{5}{27Z'^2}$$

$$\therefore\ Z=\sqrt{\frac{5\lambda_{32}}{27\lambda_{21}'}}=\sqrt{\frac{5\times 656.3\times 10^{-9}}{27\times 1.8\times 10^{-10}}}\fallingdotseq 26\ \cdots\cdots\text{答}$$

図c

これは「鉄」だね。特性X線の波長から，金属の種類が分析できるんだ。

● 第13章 ●
まとめ

1 ド・ブロイの電子波仮説
質量 m, 速さ v で走り, 運動量 $P=mv$ をもつ電子は, 波長 $\lambda = \dfrac{h}{P} = \dfrac{h}{mv}$ の波動ともみなせる。
($h = 6.63 \times 10^{-34}$ J·s : プランク定数)
㊟ 波の基本式 $v = f\lambda$ は成立しない。
㊟ 電子のみでなく, すべての粒子はこの波の性質ももつ。

2 電子波の干渉のストーリー
① 加速電圧 V で加速された電子の波長 λ を求める。
② ①の波長をもつ光と全く同様に干渉条件を考える。

3 原子モデルのおきまりのストーリー
① 電子を粒と見て, その円運動を考える。
② 電子を波と見て, その波長がぴったり円軌道に入る条件を考える。
③ ①②の共通解により, とびとびの半径とエネルギーをもつ軌道上を電子が回っていることが分かる。

4 2種のX線の発生ストーリー
① 連続X線→ $\lambda_{\min} < \lambda$ で連続分布
　　　　　→《連続X線の発生ストーリー 2ステップ》
② 特性X線→特定の λ に集中分布
　　　　　→《特性X線の発生ストーリー 3ステップ》

第14章 原子核

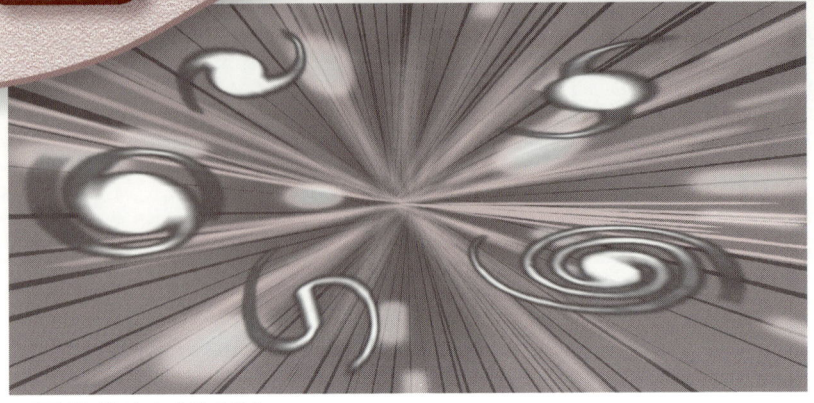

▲宇宙は「無」から生まれた。

Story ① 原子核のつくりとその表し方

▶(1) 原子核のつくり

　原子核とは，第13章 Story ② でも話したように，原子において，電子が回っている軌道の中心にある正の電気をもつ硬い芯のことだ。原子核は，陽子(ようし)と中性子(ちゅうせいし)という2種類の粒子からできている。
　では問題。原子核を「リンゴ」の大きさまで引き伸ばしたら，その周りの電子が回っている軌道はどのくらいの大きさになるかな？

　　だいたい東京ドームぐらいはありますよね。そんなにはないかな…。

　なんと…山手線1周ぐらいはあるんだ。

　　ヒエー～，なんて原子って大きいの…。

　ちがうでしょう。「なんて原子核は小さいの」でしょ（笑）。で，次の図1と図2に，ヘリウム原子を例にとってまとめてある。原子核を

262　原子編

つくる粒子を核子というよ。

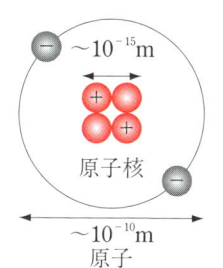

図1　ヘリウム原子の例　　図2　原子を構成する粒子たち

		記号	電荷	質量
核子	陽子 (proton)	^1_1p	$+e$	m_p とする
	中性子 (neutron)	^1_0n	0	$≒ m_\text{p}$
	電子 (electron)	$^{\ 0}_{-1}\text{e}$	$-e$	$≒ 0\ (≒ \dfrac{1}{1836}m_\text{p})$

> 図2の表の中の記号 ^1_1p, ^1_0n, $^{\ 0}_{-1}\text{e}$ というのが何を意味しているのか分かりません。

まず，p, n, e は，それぞれの英語名の頭文字だ。そして，左上と左下の記号はこれから説明するよ。

▶(2)　記号ではどう表すの？

図1のヘリウム原子核を記号で表すと次のようになる。

^4_2He
- 質量数 A：陽子と中性子の数の和（おおよその質量の目安）
- 元素記号（原子番号20までは覚えてほしい）
- 原子番号 Z：陽子の数（$+e$ [C]を単位とした電気量）

つまり，^4_2He というのは，ヘリウム原子核の質量が陽子1個の質量 m_p [kg]の約4倍，電気量が $+e$ [C]の2倍ということを表すんだ。

> 上が質量，下が電荷ですか。では，さっきの ^1_1p, ^1_0n, $^{\ 0}_{-1}\text{e}$ は？

^1_1p は質量は m_p の1倍，電荷は $+e$ [C]の1倍だ。^1_0n は質量は m_p の約1倍，電荷は0となる。最後に，$^{\ 0}_{-1}\text{e}$ の質量はほぼ0，電荷は $+e$ [C]の -1 倍ということを表す。やっぱり，上は質量，下が電荷だね。

第14章　原子核

▶(3) 同位体って何？

　原子番号（化学的性質）は同じで，質量数（質量）が異なる原子どうしを互いに**同位体**であるという（例　^1_1H，^2_1H（重水素），^3_1H（三重水素））。

> すると，重水素を含んだ水をなめても，味は全く変わらないということですか？

　そうだよ。でも，放射性同位体には体に悪いものもあるからやめておこうね。

▶(4) 反応式にはどんなルールがあるのか？

| 反応前後で質量数の和，原子番号の和はそれぞれ変化しない。 |

例　$\underset{和4}{\overset{和8}{^7_3Li + ^1_1H}} \longrightarrow \underset{和4}{\overset{和8}{^4_2He + ^4_2He}}$

　これは，反応前後で核子数の和と全電気量がそれぞれ保存されるためなんだ。

> この本もとうとうこの章でラスト。名残惜しい気持ちをこらえて，最後まで一気に読み進めていこう！

Story 2 　α, β, γ崩壊と放射線

▶(1)　核子間にはたらく2つの力とは？

　核子，つまり，陽子や中性子の間には，次の2つの力が同時にはたらいているよ。

① 　第1の力……陽子間にはたらくクーロン反発力（離れていてもはたらく）

② 　第2の力……陽子・中性子間にはたらく核力（強力な引力で接近しないとはたらかない）

　　一方では，バラバラになりた〜い，他方ではくっつきた〜いですか。

　そうなんだ。原子核の中では，以上の2つの互いに反対の作用をもつ力が同時にはたらいている。

　よって，原子核は安定でなくて，たとえば①が勝ると核分裂，②が勝ると核融合を起こす。つまり，不安定な原子核は，より安定な状態を目指して結合の組換え（核反応）を起こすんだ。

　また，陽子と中性子のバランスが非常に悪い原子核は，自発的に崩壊を起こしていく。その崩壊の仕方には，3つの代表例がある。

　その3つの代表例には，α崩壊，β崩壊，γ崩壊という名前がつけられているんだ。では，それらの崩壊を順に見ていくことにしよう。

　　α, β, γ崩壊もなぜそうなるかを理由づけして，まとめていこう。

▶(2) α崩壊のイメージ

　原子番号が大きすぎる原子核(例 $^{238}_{92}U$ (ウラン238)など)では，陽子が多すぎるので，(1)で見た①と②どっちの力が勝るかい？　そして，どのように崩壊すると思う？

> 陽子が多すぎると，①のクーロン反発力が勝ります。そして，よりバラバラになろうとします。

　そうだ。ただし，勝手にバラバラにならずに，図3のように，**対称性がよくガッチリ結合した4人組(^4_2He)が，ひとかたまりとして飛び出してくる**。この4人組が単位として飛び出してくる崩壊を**α崩壊**という。そして，この4人組である^4_2Heのことを，**α線**または**α粒子**という。

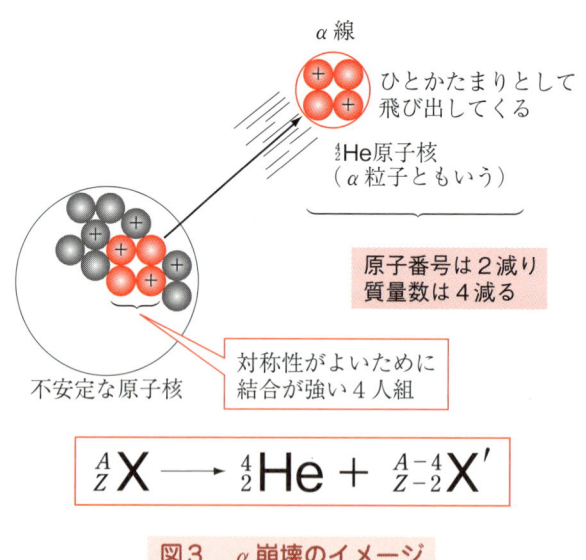

$$^A_ZX \longrightarrow {}^4_2He + {}^{A-4}_{Z-2}X'$$

図3　α崩壊のイメージ

▶(3) β崩壊のイメージ

陽子に比べて中性子が過剰な原子核(例 $^{14}_{6}C$（炭素14）など)では，中性子を減らし，陽子を増やしたほうがより安定になるよね。

> 中性子(電荷0)が陽子(電荷$+e$〔C〕)に変わるなんて，電荷保存に反しますよ。ムリです。

だから，単に中性子が陽子に変わるのではなく，図4のように，同時に電子が1個生じればいいのだ。すると，全電荷保存の式は，

$$0 = +e + (-e)$$
中性子　陽子　　電子

となり，満たされることになるね。この崩壊形式をβ崩壊という。このとき，発生し飛び出す電子のことをβ線という。

中性子が多すぎて不安定な原子核

原子番号1つ増し質量数は不変

1つの中性子が陽子と電子に変わることで安定化

$$^{A}_{Z}X \longrightarrow ^{\ 0}_{-1}e + ^{\ \ A}_{Z+1}X'$$

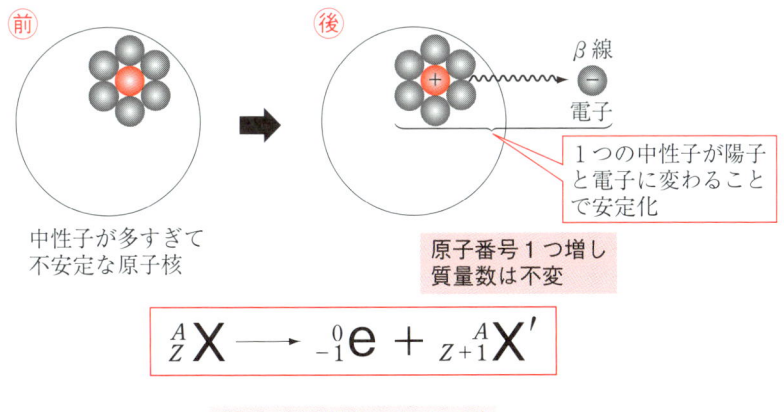

図4　β崩壊のイメージ

▶(4) γ崩壊のイメージ

(2)のα崩壊や(3)のβ崩壊をした直後の原子核は，その反動で激しく振動したり，回転したりしている（プリンからスプーンでひと口取ると「プルプル」するイメージ）。つまり，高エネルギー状態になっている。

図5のように，その運動が「ピタ！」と止み，低エネルギー状態に落ちつくとしよう。

このとき，余ったエネルギーが電磁波（光子）の形で放出（p.254の(6)と似ているね）される。これをγ崩壊といい，飛び出す電磁波（光子）をγ線という。

> 崩壊といったって，何もコワレていないじゃないですか？

そうなんだ。γ崩壊によって，原子番号も質量数も何も変わらないんだ。「崩壊」というのは「ウソ」だよね。

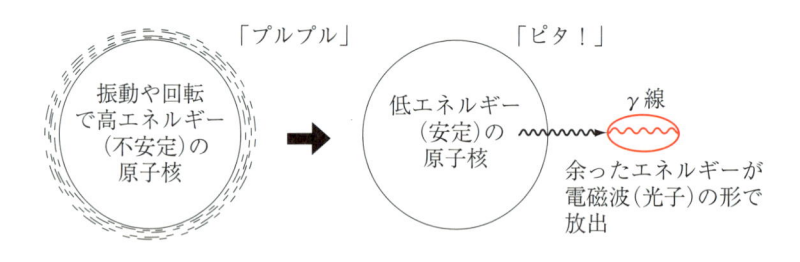

図5 γ崩壊のイメージ

(5) α，β，γ線のランキング

以上のα，β，γ線は放射線の代表例であるが，その能力には次のような序列がある。

	電離作用 ←→ 透過能力
α線	大　　　　小
β線	中　　　　中
γ線	小　　　　大

正反対の能力

α線は，一番大きさが大きく電荷も大きいので，最も電離作用（標的となる物質にぶつかり，ポンポンと電子を弾き出していく能力）は強い。逆にγ線は，電荷が0で電離作用は弱い。

また，α線のように電離作用が強いほど自身のエネルギーを急速に失いやすいので，透過能力（標的となる物体のより奥深くまで入り込んでいく能力）は弱い。

以上をポイントにして覚えるとよい。

> ボクサーに例えると，α線は，パンチに破壊力があるけど，スタミナは弱く，すぐ止まってしまう選手。γ線はパンチ力は弱いけど，スタミナが長く持続する選手だね。

まあそんなもんだね。α線は紙一枚で止まってしまうけど，その紙はボロボロに破壊。γ線はコンクリートの壁を何mも透過するけど，コンクリートはほとんど無傷だ。

POINT 1　α，β，γ崩壊

① α崩壊　$^A_Z X \longrightarrow \underbrace{^4_2 He}_{α線} + {^{A-4}_{Z-2}} X'$

② β崩壊　$^A_Z X \longrightarrow \underbrace{^{\ \ 0}_{-1} e}_{β線} + {^A_{Z+1}} X'$

③ γ崩壊　何も壊れていない。電磁波（光子）が出るだけ。
　　　　（ウソ）　　　　　　　　　　　　　　γ線

チェック問題 1 α, β, γ崩壊　　易　6分

(1) 次の□をうめよ。
　(ア) $^{\square}_{4}Be + ^{4}_{2}He \longrightarrow ^{12}_{\square}\square + ^{1}_{0}n$
　(イ) $^{235}_{92}U + ^{1}_{0}n \longrightarrow ^{93}_{\square}Sr + ^{\square}_{54}Xe + 3 \times ^{1}_{0}n$
　(ウ) $^{14}_{6}C \longrightarrow ^{\square}_{\square}\square + \beta線$
　(エ) $^{10}_{5}B + ^{1}_{0}n \longrightarrow ^{\square}_{\square}\square + \alpha線$

(2) $^{232}_{90}Th$ が崩壊をくり返していくと、やがて鉛Pbになる。それは次のどれか。また、その間にα崩壊、β崩壊を何回ずつ行うか。

$$^{206}_{82}Pb \quad ^{207}_{82}Pb \quad ^{208}_{82}Pb \quad ^{209}_{82}Pb \quad ^{210}_{82}Pb$$

解説　ルールは1つ。質量数（上の数字）の和と、原子番号（下の数字）の和は、反応の前後で保存すること。また、**原子番号20までの元素記号は覚えておくこと**。

覚え方	水 $_1H$	兵 $_2He$	リー $_3Li$	ベ $_4Be$	ボ $_5B$	ク $_6C$	の $_7N$	$_8O$	船 $_9F$	$_{10}Ne$
	なな $_{11}Na$	曲 $_{12}Mg$	り $_{13}Al$	シッ $_{14}Si$	プ $_{15}P$	ス $_{16}S$	ク $_{17}Cl$	ラー $_{18}Ar$	ク $_{19}K$	か $_{20}Ca$

また、α線が $^{4}_{2}He$、β線が $^{0}_{-1}e$ であることも覚えておこう。

それ以外の元素記号は覚えなくていいけど、巻末付録の周期律表で確認しておこう。本問ではU（ウラン）Sr（ストロンチウム）Xe（キセノン）Th（トリウム）だ。

(1) (ア) 和13　　　和13
　　$^{\boxed{9}}_{4}Be + ^{4}_{2}He \longrightarrow ^{12}_{6}\boxed{C} + ^{1}_{0}n$ ……**答**
　　　和6　　　　和6

　(イ) 和236　　　　和236
　　$^{235}_{92}U + ^{1}_{0}n \longrightarrow ^{93}_{38}Sr + ^{\boxed{140}}_{54}Xe + 3 \times ^{1}_{0}n$ ……**答**
　　　和92　　　　和92

(ウ) $^{14}_{6}\text{C} \longrightarrow {}^{14}_{7}\boxed{\text{N}} + {}^{0}_{-1}\text{e}$ ……答

　　　　和14
　　　　和6

(エ) $^{10}_{5}\text{B} + {}^{1}_{0}\text{n} \longrightarrow {}^{7}_{3}\boxed{\text{Li}} + {}^{4}_{2}\text{He}$ ……答

　和11　　和11
　和5　　和5

(2)

> 反応式が与えられていないし，そもそもα崩壊，β崩壊を何回したか分からないから，反応式を書きようがないです。

大丈夫。そんなときには，**α崩壊を n 回，β崩壊を m 回したと勝手に仮定して反応式をつくる**のがコツだよ。

$$^{232}_{90}\text{Th} \longrightarrow n \times {}^{4}_{2}\text{He} + m \times {}^{0}_{-1}\text{e} + {}^{\square}_{82}\text{Pb}$$

和 $4n + 0 + \square$
和 $2n + (-1)m + 82$

$\therefore \begin{cases} 232 = 4n + \square \cdots ① \\ 90 = 2n + (-1)m + 82 \cdots ② \end{cases}$

ここで，①式で **n が整数**なので，許されるのは，与えられた選択肢のうち，$\square = 208$，$n = 6$ 回の組み合わせだけ。

よって，②式に代入して，$m = 4$ 回となる。

したがって，$^{208}_{82}\text{Pb}$ で α崩壊は 6 回，β崩壊は 4 回 ……答

Story ③ 半減期って何？

▶(1) 半減期 T の考え方

たとえば，大人数 N_0 人で，次のような一種のロシアンルーレット風のゲームをしたとしよう。各自がコインを持ち，そのコインを T 秒に1回の割合で振っていく。コインの表（表と裏の出る確率はそれぞれ $\frac{1}{2}$）が出た人は自爆するとしよう（何と恐ろしいゲームだ）。

すると，**図6**のように，ゲームが始まってから T 秒後には，生き残りの人数は N_0 の半分の $\frac{1}{2}N_0$ 人，さらに T 秒後にはその半分の $\frac{1}{4}N_0$ 人，……という具合に減っていく。この**生き残りの数 N が半減する時間間隔を半減期 T** という。不安定な原子核の崩壊も全く同じなんだ。T は，原子核の種類によって決まる定数だ。より不安定で崩壊しやすい原子核ほど半減期 T は短い。

$t=0$	$t=T$	$t=2T$
生き残り N_0 人	生き残り $\frac{1}{2}N_0$ 人	生き残り $\frac{1}{4}N_0$ 人

図6　コインを T 秒おきに振っていく

実際には，アボガドロ数（6.02×10^{23} 個）レベルの大量の原子核があり，各原子核は**バラバラ**のタイミングで「コインを振っている」ので，**図7**のように，生き残りの数 N は**ダラダラ**と減っていく。

$t=0$ で $N=N_0$，$t=T$ で $N=N_0 \times \frac{1}{2}$，$t=2T$ で $N=N_0 \times \left(\frac{1}{2}\right)^2$，$t=3T$ で $N=N_0 \times \left(\frac{1}{2}\right)^3$，……となるので，一般に，

$$t \text{ 秒後} \quad N = N_0 \times \left(\frac{1}{2}\right)^{\frac{t}{T}}$$

と表せることになるね。

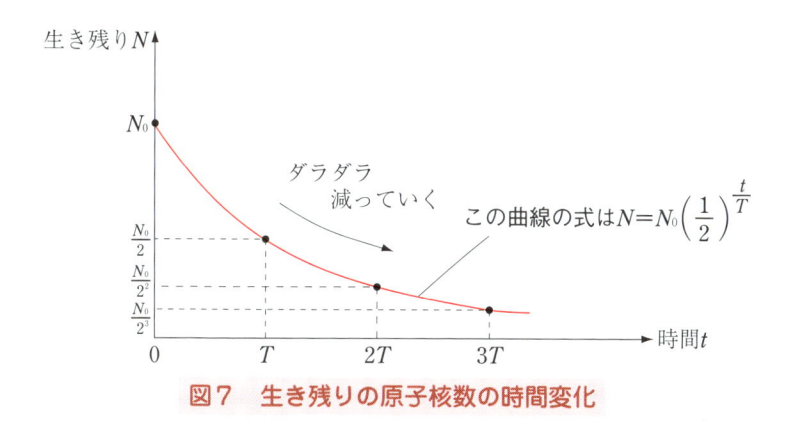

図7　生き残りの原子核数の時間変化

（グラフ：縦軸「生き残り N」、横軸「時間 t」。N_0 から始まり、$t=T$ で $\frac{N_0}{2}$、$t=2T$ で $\frac{N_0}{2^2}$、$t=3T$ で $\frac{N_0}{2^3}$ とダラダラ減っていく曲線。この曲線の式は $N = N_0\left(\frac{1}{2}\right)^{\frac{t}{T}}$）

では，ここで質問。$t = 3T$ までに崩壊した原子核数は何個？

> さっきやったばかりじゃないですか。$N = N_0 \times \left(\frac{1}{2}\right)^3$ 個です。

アチャー，引っかかった！　いま聞いているのは崩壊した数だよ。キミの答えたのは生き残りの数でしょ。

> すると，$N_0 - N_0\left(\frac{1}{2}\right)^3$ 個です。

そうだよ。崩壊と生き残りを区別してよ。

POINT 2　半減期

不安定な原子核の生き残りの数が，半減するのに要する時間間隔のこと。半減期が短いほど，より崩壊しやすい原子核である。

第14章　原子核

チェック問題 ❷ 半減期　　易　6分

次の(ア)〜(オ)の空欄をうめて、文章を完成させなさい。

$^{210}_{84}$Po（ポロニウム）は、[(ア)]崩壊をして安定な$^{(イ)}_{82}$Pb（鉛）になる。今、ある量のPoから出てくる放射線数をカウントしたところ、はじめ372個/分だったのが、276日後には93個/分になっていた。$^{210}_{84}$Poの半減期は[(ウ)]日であり、276日後には、Poの数は、はじめの量の[(エ)]倍に減少し、276日間で出てきた放射線の総数は、はじめのPoの原子数の[(オ)]倍にあたる。

解説　(ア) 原子番号が2減ったので、α崩壊 ……**答**

(イ)　$^{210}_{84}$Po ⟶ $^{206}_{82}$Pb + $^{4}_{2}$He　……**答**　（和210）

(ウ)　（単位時間あたりに出てくる放射線数）は（生き残っている原子核数）に比例するので、

$$\frac{(276日後のPoの数)}{(はじめのPoの数)} = \frac{93}{372} = \frac{1}{4} = \left(\frac{1}{2}\right)^2$$

ここで、$\frac{N}{N_0} = \left(\frac{1}{2}\right)^{\frac{t}{T}}$ の式より、

$$\frac{276日}{T} = 2 \quad \therefore \quad T = 138日 \text{……}\textbf{答}$$

(エ)　(ウ)より、$\frac{1}{4} = 0.25$倍 ……**答**

(オ)　(276日間の放射線の総数) = (276日間に崩壊したPoの数)
　　　　　　　　　　　　　　 = (はじめのPoの数) − (276日後のPoの数)
　　　　　　　　　　　　　　 = (はじめのPoの数) × $\left(1 - \frac{1}{4}\right)$
　　　　　　　　　　　　　　 = (はじめのPoの数) × 0.75倍 ……**答**

▶(2) 放射能と吸収量の単位

> ベクレル〔Bq〕とかシーベルト〔Sv〕ってよく聞きますが，そもそもどんな単位なんですか？

たとえば，キミの机の上に消しゴムがあるとしよう。その消しゴムがもつ放射能の強さというのは，その消しゴムの中で**1秒あたりに崩壊する原子核の数**のことだ。単位は〔個/s〕=〔**Bq**〕（ベクレル）で表され，その値は，物質のカタマリの中に含まれる放射性同位体の原子核の数に比例し，半減期が短い（崩壊しやすい）種類であるほど大きくなる。

このように，ベクレルというのは，**ある量の物質のカタマリが，放射線をどのくらい激しく出すのかを表す単位**なんだ。ここで注意したいのは，そのカタマリが1gなのか1tなのかこれによって値が全然違ってくることだ。

ベクレルとは逆に，**放射線をどのくらい受けたのかを表す単位**がグレイ〔Gy〕やシーベルト〔Sv〕だ。たとえば，鉛のブロック**1kgが放射線を受けて，ちょうど1Jのエネルギーを吸収**したとき，この鉛のブロックは1〔J/kg〕=〔**Gy**〕（グレイ）の放射線を吸収したという。

さらに，放射線の**受け手が特に人体**であるときは，その人体に対する影響はエネルギーの吸収量だけでなく，放射線の種類にも左右されるので，その違いも考慮した〔**Sv**〕（シーベルト）という単位で表し，その量を等価線量という。たとえば，p.269で見たように電離作用が高いα線では1Gy=20Svに換算される。それに対して，β線やγ線，X線では1Gy=1Svで換算される。

さらに，人体が受けた組織・器官による違いも考慮した量を実効線量といい，この単位にも〔Sv〕を用いる。

ここで注意したいことが2つある。1つめは，Svはある期間中に受けた累積の吸収量だから，**1時間あたりでなのか1年間あたりでな**のかによって値が大きく変わってしまうこと。2つめは，1×10^{-3}Sv=1mSv（ミリシーベルト），1×10^{-6}Sv=1μSv（マイクロシーベルト）とmやμによって数字が大きく違ってしまうことだ。

ちなみに，日本において我々が自然界から浴びる放射線量（実効線量）は，**1年間あたりで約2mSv**であることは覚えておくとよい。

Story ④ アインシュタインの式

▶(1) やはり，まずは単位に注意しよう

〔eV〕と〔u〕って，何の単位か分かるかい？

> 〔eV〕は，電圧V（ボルト）の仲間ですか？
> 〔u〕は，長さの単位かな？

あれれ～？　日常では使わない単位だからねえ。

まず，〔eV〕は，「エレクトロンボルト」といって，**エネルギーの単位**だ。その定義は，「電子（$-e$〔C〕）を電位-1Vの位置に置いたときにもつ電気力による位置エネルギーが1eVとなる」ので，

$$(-e)\text{〔C〕} \cdot (-1)\text{〔V〕} = e\text{〔J〕} = 1\text{〔eV〕}$$

一方，〔u〕は，「ユニット」といって，陽子1個あたりの質量を約1uとした**質量の単位**だ。正式には炭素原子核$^{12}_{6}$Cの質量を12uと約束したものだ。

これら**2つの単位だけは，しっかり定義**しておこう。

POINT 3　原子核物理学でよく使う単位

① エネルギーの単位換算

　　$1\,\text{eV}(\text{エレクトロンボルト}) = e\text{〔J〕} = 1.6 \times 10^{-19}\text{〔J〕}$

　　　　※eは電気素量（電子の電気量は-1.6×10^{-19}C）

　　$1\,\text{MeV}(\text{メガエレクトロンボルト}) = 10^6\,\text{eV}$

② 原子質量単位〔u〕（ユニット）

　　$^{12}_{6}$C の質量を 12u と約束。

　　（1核子あたり 1u でほぼ質量数に等しい。$1\text{u} \fallingdotseq 1.66 \times 10^{-27}$〔kg〕）

▶(2) 核反応では，なぜばく大なエネルギーが発生するのか？

> どうして核反応では，化学反応に比べ，ケタ違いに大きなエネルギーが発生するのですか？

　基本的に化学反応も核反応も，不安定な状態(高エネルギー状態)から，より安定な状態(低エネルギー状態)へ，結合の組み合わせを変え(p.265)，余ったエネルギーを発生させていることには変わりはないんだ。

　しかし，どうして核反応では，化学反応に比べ，ケタ違いにばく大なエネルギーが発生するのか。

　そう，それは結合の強さの違いによるんだ。化学反応では，クーロン力のみによって，原子間隔10^{-10}〔m〕の距離で結合の組み換えが起こるだけだけど，核反応では，クーロン力と核力によって，核子間隔の10^{-15}〔m〕の距離で結合の組み換えが起こるんだ。その結合の強さは，化学反応の場合の数百万倍も強いんだ。具体的な例で考えよう。

　図8のように，陽子と中性子の結合について考える。陽子と中性子が結合すると，強力な核力によって超安定化し，化学反応とは比べものにならないぐらい超低エネルギー状態になる。このとき，余ったばく大なエネルギーが発生する(〜数百万eV(化学反応ではせいぜい数eV))。

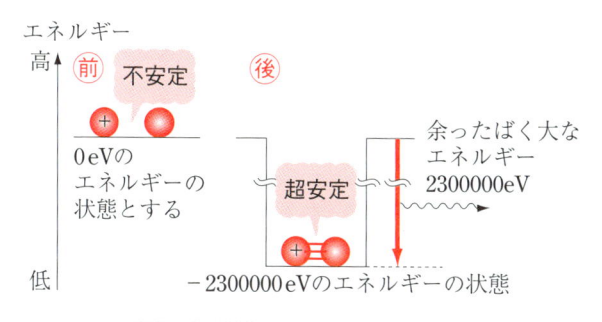

図8　陽子と中性子の核力による結合

▶(3) 結合エネルギーとは，結合するエネルギーではない。

トツゼンだけど，このチョークを折るのと，このの鉄のはさみを折るのはどっちが大変かな？

> チョークは簡単に「ポキ」だけど，鉄のハサミはちょっとやそっとじゃ折れないぞ

そうだね。それだけ鉄のはさみの方がガッチリしていて，逆にチョークの方がもろいということだね。

同じように，原子核をバラバラにするのに必要なエネルギーが，1核子あたりで大きければ大きいほど，その原子核はガッチリ結合していて，とても安定であるということがいえるね。

図9のように原子核を1コ1コの陽子や中性子にまでバラバラにするのに要するエネルギーを，その原子核の結合エネルギーという。

「結合」という言葉に惑されないでね。「結合」とは全く逆の「バラバラにする」のに要するエネルギーだからね。

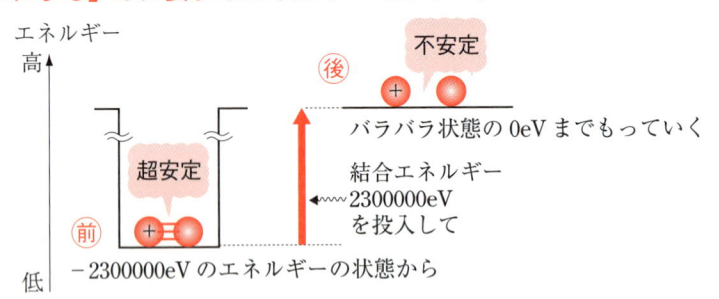

図9 結合エネルギー

POINT 4 結合エネルギー

原子核をバラバラの核子にするのに要するエネルギーのこと
（1個の核子あたりの結合エネルギーが大きいほど安定な原子核といえる）

▶(4) 質量もエネルギーの一種って，どういうこと？

　ここで，2択の問題。図10のアとイでは，全く同じばねを伸ばしただけだ。どちらの方が質量が大きいかな？

ア　ばね定数 k 　　　　　イ　ばね定数 k

のび0　　伸ばす　　のび x

図10　どっちの質量が大きい？

> え〜，だって全く同じばねでしょ。伸ばした状態だって自然長の状態だって，同じ質量でしょ。

　実際に測ってみると，なんとイの伸ばした状態のばねの方がわずかに質量が大きいんだ。

> ええ!!　それは驚きです。でも，どうして伸ばすと重くなるの？

　アインシュタインは，相対性理論の中で，こう結論づけたんだ。

> **質量とは，エネルギーの形態の1つである。**

> 質量がエネルギーと言われても，よく分かりません。

　確かにそうだね。では，上の図10に合うように分かりやすく言いかえると，

> **同じモノであっても，エネルギーが高い状態であるほど，その質量は大きい。**

第14章　原子核

つまり，同じばねであっても，引き伸ばして高いエネルギー状態にあるほど，質量は大きいということなんだ。ばねを引き伸ばす際に投入したエネルギー $\frac{1}{2}kx^2$ の分，ばねの質量が増しているということなんだ。要は，

> 質量というものは永久不変なものではなく，エネルギーを放出すれば減少するし，エネルギーを投入すると増えるものである。

ということなのだ。

> すると，たとえ何もないところでも，エネルギーを投入しさえすれば，質量つまり物質が生じてしまうということですか？

そういうことだ。私たちの宇宙もそのようにして生まれてきたのではないかと，現代の宇宙論では推測されているんだ。

> 質量がエネルギーなんて，ビックリだね。

▶(5) アインシュタインの式の使い方

p.277の図8の2300000 eVって，具体的にどういう計算から出てきたんですか？

いい質問だ。

「エネルギーを具体的に計算せよ」ときたら，次の1905年に提唱されたアインシュタインの式だ。$E=Mc^2$ という超有名な式だね。

POINT 5 《アインシュタインの式》

光速 $c = 3.0 \times 10^8$ m/s として
① 質量 M (kg)はエネルギー $E = Mc^2$ (J)に相当する。
② 核反応などによって，質量が ΔM (kg)減少するとき，エネルギー $\Delta E = \Delta Mc^2$ (J)が発生する。
（単位は(m/s)(kg)(J)を用いることに注意）

たとえば，p.277の図8の反応では

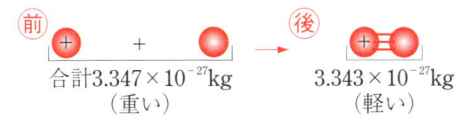

前 合計 3.347×10^{-27} kg （重い） → 後 3.343×10^{-27} kg （軽い）

と，なんと同じ陽子1個，中性子1個なのに，バラバラの状態でいるよりも，結合した状態の方が軽い，つまりエネルギーが低いんだ。

いま，質量が $\Delta M = 0.004 \times 10^{-27}$ kgだけ減少しているので，《アインシュタインの式》より，発生するエネルギー ΔE は，

$$\Delta E = \Delta M \times c^2$$
$$= 0.004 \times 10^{-27} \times (3.0 \times 10^8)^2$$
$$= 3.6 \times 10^{-13} \text{ (J)}$$
$$= 3.6 \times 10^{-13} \div (1.6 \times 10^{-19}) \text{ (eV)}$$
$$= 2.25 \times 10^6 \text{ (eV)} \quad (約2300000 \text{ eV})$$

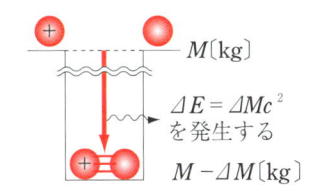

となって，図8の結果が計算できたわけだ。

M (kg)
$\Delta E = \Delta Mc^2$ を発生する
$M - \Delta M$ (kg)

第14章 原子核

チェック問題 3　アインシュタインの式　標準 15分

静止しているホウ素 $^{10}_{5}B$ に，運動エネルギーの無視できる速さの遅い中性子を当てたところ，$^{10}_{5}B + n \rightarrow {}^{7}_{3}Li + X$ の核反応が起きた。

(1) X を元素記号に質量数と原子番号をつけて表せ。
(2) 反応で発生したエネルギー E はいくらか。
(3) 反応で生じた Li と X の運動エネルギーはそれぞれいくらか。

ただし，それぞれの質量は，$^{10}_{5}B$：10.0129u，$^{7}_{3}Li$：7.0160u，$^{1}_{0}n$：1.0087u，X：4.0026u とする。また，1u の質量は，9.3×10^2 MeV のエネルギーに相当する。

解説

(1)　　和11　　　　和 $7+A$
　　$^{10}_{5}B + {}^{1}_{0}n \Rightarrow {}^{7}_{3}Li + {}^{A}_{Z}X \Rightarrow$ 質量数と原子番号の保存より
　　　和5　　　和 $3+Z$　　$A = 4$, $Z = 2$ で
　　　　　　　　　　　　　　X = $^{4}_{2}He$　……**答**

(2) アインシュタインの式って，どうやって使えばいいの？

図 a のように，反応の⑲⑳のエネルギー変化を図にまとめよう。

今，1u の質量が 9.3×10^2 MeV のエネルギーに相当するから，⑲，⑳のそれぞれの全質量に 9.3×10^2 MeV を掛けたものが，⑲，⑳のエネルギーになるよ。

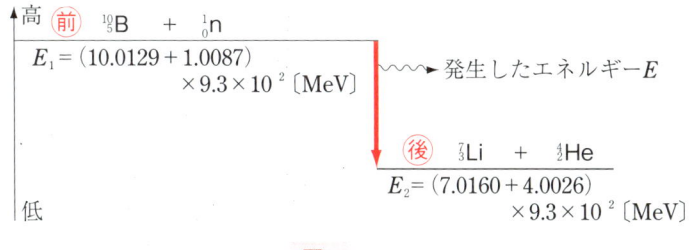

図a の部分:

高　前　$^{10}_{5}B$ + $^{1}_{0}n$
$E_1 = (10.0129 + 1.0087) \times 9.3 \times 10^2$〔MeV〕

→ 発生したエネルギー E

後　$^{7}_{3}Li$ + $^{4}_{2}He$
$E_2 = (7.0160 + 4.0026) \times 9.3 \times 10^2$〔MeV〕
低

図a

図a で発生したエネルギー E は，E_1 と E_2 の差に相当するので，

$E = E_1 - E_2$
　$= 0.003 \times 9.3 \times 10^2$〔MeV〕
　$= 2.79$〔MeV〕　……**答**

となる。

(3) 図b のように，この反応の前後の図をかいてみよう。

> あれ，この図って分裂ですよね？

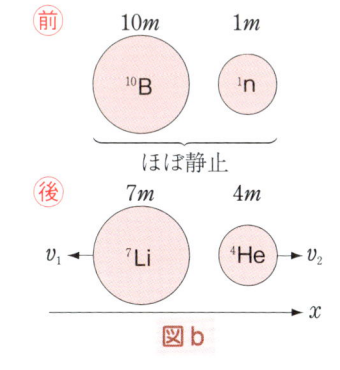

その通りだ。すると，力学（〔力学編〕(p.139) も見て下さい）でやったね。

> 外力がないので，運動量保存です。でも，あれ？質量は何を使えばいいのかなあ。

前　$10m$　　$1m$
　　^{10}B　　^{1}n
　　ほぼ静止

後　$7m$　　$4m$
v_1 ← ^{7}Li　　^{4}He → v_2
　　　　　　　　　　　→ x

図b

力学的な計算では，質量比は質量数の比で代用してもいいよ。

前　　　後
$0 = -7mv_1 + 4mv_2$ … ①

> あとはエネルギーの式だろうけど，全く見当がつきません。

第14章　原子核

反応の前後で運動エネルギーが増えたよね。それは，(2)で計算した発生エネルギーの分になるね。すると，

$$\underbrace{\frac{1}{2}\cdot 7mv_1^2 + \frac{1}{2}\cdot 4mv_2^2}_{\text{運動エネルギーの増加分}} = \underbrace{E_1 - E_2}_{\text{発生エネルギー}} = 2.79 \,[\text{MeV}] \cdots ②$$

①より，$v_2 = \frac{7}{4}v_1$ で，$v_2^2 = \frac{7^2}{4^2}v_1^2$ として，②に代入すると，

$$\frac{1}{2}(7m)v_1^2 + \frac{1}{2}(4m)\cdot\frac{7^2}{4^2}v_1^2 = 2.79$$

$$\frac{1}{2}(7m)v_1^2 + \frac{1}{2}(7m)\cdot\frac{7}{4}v_1^2 = 2.79$$

$$\frac{1}{2}(7m)v_1^2\left(1+\frac{7}{4}\right) = 2.79$$

$$\underbrace{\frac{1}{2}\cdot 7mv_1^2}_{{}^7\text{Liの運動エネルギー}} = \frac{2.79}{1+\frac{7}{4}} \fallingdotseq 1.01\,[\text{MeV}] \cdots\cdots \boxed{答}$$

$$\underbrace{\frac{1}{2}\cdot 4mv_2^2}_{{}^4\text{Hの運動エネルギー}} = 2.79 - 1.01 = 1.78\,[\text{MeV}] \cdots\cdots \boxed{答}$$

チェック問題 4　結合エネルギー　標準 10分

(1) $_2^4\text{He}$ と $_3^7\text{Li}$ は1核子あたりの結合エネルギーの比較からどちらの方が安定といえるか。ただし，陽子，中性子およびそれぞれの原子核の質量は
$_1^1\text{H}: 1.6726\times 10^{-27}\text{kg}$，$_0^1\text{n}: 1.6749\times 10^{-27}\text{kg}$，$_2^4\text{He}: 6.6447\times 10^{-27}\text{kg}$，
$_3^7\text{Li}: 11.6478\times 10^{-27}\text{kg}$ とし，光の速さ $c=3.0\times 10^8\text{m/s}$ とする。

(2) $_{92}^{235}\text{U}$ の核子1個あたりの結合エネルギーは7.6MeVである。また，$_{54}^{140}\text{Xe}$ と $_{38}^{94}\text{Sr}$ の核子1個あたりの結合エネルギーは8.4MeVと8.6MeVである。次の(ア)と(イ)に入る数字をうめよ。ただし，(イ)はこの反応で発生するエネルギーである。

$$_{92}^{235}\text{U} \to {}_{54}^{140}\text{Xe} + {}_{38}^{94}\text{Sr} + \boxed{\text{(ア)}} \times {}_0^1\text{n} + \boxed{\text{(イ)}} \,[\text{MeV}]$$

解説 (1) 結合エネルギーとはバラバラにするのに要するエネルギーだ。原子核でエネルギー計算ときたら，必ずおきまりのエネルギー（図a, b）をかこう。

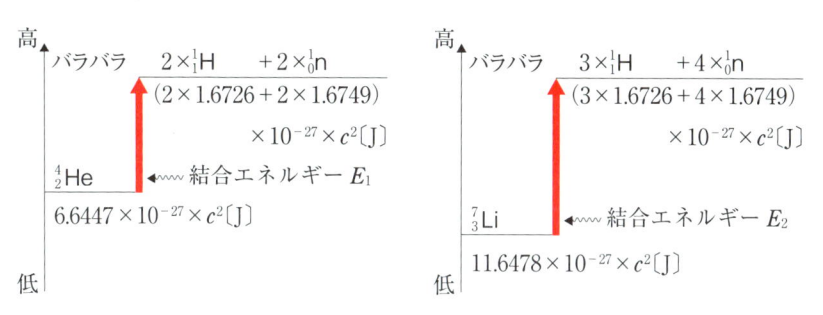

高　バラバラ　$2 \times {}^1_1\text{H} + 2 \times {}^1_0\text{n}$
　　　　　　$(2 \times 1.6726 + 2 \times 1.6749)$
　　　　　　　　　　$\times 10^{-27} \times c^2$〔J〕

　　${}^4_2\text{He}$　←〰〰 結合エネルギー E_1
　　$6.6447 \times 10^{-27} \times c^2$〔J〕
低

高　バラバラ　$3 \times {}^1_1\text{H} + 4 \times {}^1_0\text{n}$
　　　　　　$(3 \times 1.6726 + 4 \times 1.6749)$
　　　　　　　　　　$\times 10^{-27} \times c^2$〔J〕

　　${}^7_3\text{Li}$　←〰〰 結合エネルギー E_2
　　$11.6478 \times 10^{-27} \times c^2$〔J〕
低

図a　　　　　　　　　　　図b

図aより　${}^4_2\text{He}$の結合エネルギー E_1 は,

$E_1 = (2 \times 1.6726 \times 10^{-27} + 2 \times 1.6749 \times 10^{-27})c^2 - 6.6447 \times 10^{-27} \times c^2$
　　$\doteqdot 4.5 \times 10^{-12}$ 〔J〕

図bより　${}^7_3\text{Li}$の結合エネルギー E_2 は,

$E_2 = (3 \times 1.6726 \times 10^{-27} + 4 \times 1.6749 \times 10^{-27})c^2 - 11.6478 \times 10^{-27} \times c^2$
　　$\doteqdot 6.3 \times 10^{-12}$ 〔J〕

> すると $E_2 > E_1$ で ${}^7_3\text{Li}$ の方が安定なのですね。

いいや。この E_1 や E_2 というのは原子核全体をバラバラにするのに要するトータルのエネルギーのことだ。核子の数さえ多ければトータルとしての結合エネルギーは大きくなってしまう。安定かどうかは **1核子あたりに直さないと分からない** んだ。

そこで E_1, E_2 をそれぞれの核子数で割って **1核子あたり** に直すと,

${}^4_2\text{He}$では，$E_1 \div 4 \doteqdot 1.1 \times 10^{-12}$〔J〕

${}^7_3\text{Li}$では，$E_2 \div 7 \doteqdot 0.90 \times 10^{-12}$〔J〕

以上より　${}^4_2\text{He}$の方が安定となる。……**答**

(2) (ア) まず左辺と右辺の比較で (ア)＝xとして，

$$_{92}^{235}\text{U} \rightarrow \underbrace{_{54}^{140}\text{Xe} + _{38}^{94}\text{Sr} + x \times _{0}^{1}\text{n}}_{\substack{\text{和}234+x \\ \text{和}92}}$$

この式より $x=1$ ……**答**

(イ) バラバラ状態のエネルギーを基準(0MeV)としてエネルギー図を図cのようにつくるのがコツ。与えられたものが，核子1個あたりの結合エネルギーであることに注意しよう。また，$_{0}^{1}$nはすでにバラバラであるので結合エネルギーを考えなくてよい。

図c

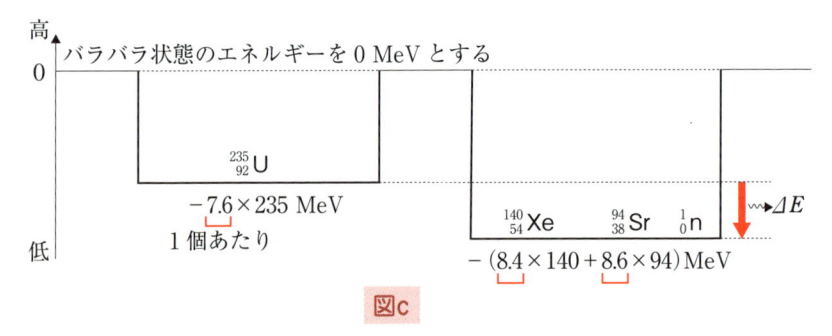

図より発生するエネルギー ΔE は，
$$\Delta E = (8.4 \times 140 + 8.6 \times 94) - (7.6 \times 235)$$
$$\fallingdotseq 2.0 \times 10^2 \text{〔MeV〕} \quad \cdots\cdots \textbf{答}$$

　以上で原子編は終わりだけど，ものすごいあやしげな，謎めいた，SFチックな分野でしょう。しかし，これがこの自然界のまぎれもない真実なんだ。
　大学に入ると，第12章，第13章は量子力学，第14章は相対性理論や素粒子物理学へつながっていくんだ。続きは，大学で十分に堪能して下さい。世の中にこんなに面白い学問があるのかと，感動しまくることうけあいだよ。

この原子編で，2度も登場したアインシュタインだけど，彼の天才性を物語る3つのエピソードがある。

　1つめは，奇跡の年とよばれる1905年のことだ。26才の彼は，特許庁勤めの多忙な中，3月に光子説(p.226)，4月にブラウン運動，6月に$E = Mc^2$の特殊相対性理論(p.281)と3本立て続けに論文を発表したんだ。そのどれもが，ほかのノーベル賞級の論文を10本束ねてもかなわないほどの歴史的大論文なんだ。降ってわいたように，インスピレーションがほとばしったんだろう。

　2つめは，彼の論文がほかの人の論文を引用することのない「完全オリジナル」のものであったことだ。普通の論文の半分のページは「〇〇の論文によると」という文章で埋まっていることが多いんだ。ところが，彼の論文は，イキナリ結論からはじまり，これによって「今までの謎がすべて解けるよ」というスタイルだからね。読んでみると鳥肌ものですよ。

　3つめは，後年，彼の友人で，日本人初のノーベル賞受賞者である湯川秀樹博士が彼の自宅を訪ねてみると，本に埋もれて暮らしていると思いきや，本が全くなかったらしい。つまり，彼は，ほかの人のすでに完成した知識を全く必要としていなかったんだね。

　「全く，頭の中を見てみたい」という言い方があるけど，それは，まさに彼にあてはまる言葉だよね。……と思ったら，アインシュタインの脳は研究用に保存されていて，なんと，その一部が日本のとある国立大学の医学部にあるらしいんだ。

> ムチャクチャ面白い分野だね。
> この続きは大学で研究していこう！

第14章　原子核

● 第14章 ●
ま と め

1 α, β, γ 崩壊
① α 崩壊：${}^{4}_{2}\mathrm{He}$ が飛び出す。
② β 崩壊：${}^{0}_{-1}\mathrm{e}$ が飛び出す。
③ γ 崩壊：電磁波が発生する。

2 半減期 T
生き残りの放射性原子核の数が半減する時間間隔。

3 アインシュタインの式
① 質量 M 〔kg〕は，エネルギー $E = Mc^2$ 〔J〕に相当する。
　　($c = 3 \times 10^8$ 〔m/s〕：光速)
② 質量が ΔM 〔kg〕消滅するとき，
　　エネルギー $\Delta E = \Delta M c^2$ 〔J〕が発生する。

$\left(\begin{array}{l}\text{エネルギーの単位：} 1\mathrm{eV} = e\text{〔J〕}, \quad 1\mathrm{MeV} = 10^6 \mathrm{eV} \\ \text{質量の単位：} 1\mathrm{u} \fallingdotseq \text{核子1個の質量}\end{array}\right)$

4 結合エネルギー
原子核をバラバラの核子にするのに要するエネルギー

漆原晃の POINT索引

「物理基礎」の波動

第1章　波のイメージ＝ウェーブ
「ウェーブ」に含まれる2つの動きを区別せよ！ ………… 10
波の基本式 …………………………………………………… 14
y-x グラフと y-t グラフ ………………………………… 18

第2章　縦波・反射波
横波と縦波 …………………………………………………… 29
自由端反射と固定端反射 …………………………………… 38

第3章　定常波と弦・気柱
定　常　波 …………………………………………………… 45
弦の固有振動 ………………………………………………… 47
音波のイメージ ……………………………………………… 49
気柱の固有振動 ……………………………………………… 54
《弦・気柱の解法》 ………………………………………… 55

第4章　う な り
うなりのイメージ …………………………………………… 65
うなりの振動数 ……………………………………………… 68

「物理」の波動

第5章　波の式のつくり方
波の式をつくるための2つの準備 ………………………… 79
《波の式のつくり方の手順》 ……………………………… 82

POINT索引　289

第6章　ドップラー効果
　ドップラー効果を理解するための4ポイント ……………………… 93
　ドップラー効果の2つの原因 ……………………………………… 96
　ドップラー効果の式の立て方 …………………………………… 100
　ドップラー効果で波長を問われたら …………………………… 103
　動　く　壁 ………………………………………………………… 105
　風のもとでのドップラー効果 …………………………………… 106
　斜め方向のドップラー効果 ……………………………………… 109

第7章　光の屈折
　光波と音波の違い ………………………………………………… 113
　屈折率 n の物質中では ………………………………………… 115
　回　　折 …………………………………………………………… 119
　《屈折の法則》とその使い方 …………………………………… 124
　全　反　射 ………………………………………………………… 129
　θ が小さいときの近似 …………………………………… 132

第8章　レンズ
　レンズの焦点 F …………………………………………………… 139
　レンズによる点光源の3つの像 ………………………………… 143
　《レンズの統一公式》 …………………………………………… 146
　凹面鏡・凸面鏡 …………………………………………………… 154

第9章　波の干渉
　干渉とは …………………………………………………………… 159
　《干渉の原則1》(基本) ………………………………………… 163
　《干渉の原則2》(S_1 と S_2 が逆位相のとき) ……………… 164
　《干渉の考え方のコツ》 ………………………………………… 167
　双　曲　線 ………………………………………………………… 167

第10章　光の干渉（スリット型）

スリット型干渉 ……………………………………………… 171
可視光の色と波長 …………………………………………… 173
単色光と白色光 ……………………………………………… 174
２スリット型干渉の作図３ポイント ……………………… 178
《干渉の原則３》（光学的距離への「おきかえ」）………… 186

第11章　光の干渉（反射型）

光の自由端・固定端反射の判定法………………………… 193
《干渉の原則４》（反射のあるとき）……………………… 194

原 子 編

第12章　光の粒子性

古典（日常）物理学から現代（原子）物理学へ…………… 218
アインシュタインの光子仮説……………………………… 226
《光電効果の３大基本式①》……………………………… 232
《光電効果の３大基本式②》……………………………… 233
《光電効果の３大基本式③》……………………………… 236

第13章　電子の波動性

ド・ブロイの電子波仮説…………………………………… 243
２種のＸ線の波長 λ の分布 ……………………………… 256

第14章　原子核

α，β，γ 崩壊 ……………………………………………… 269
半 減 期……………………………………………………… 273
原子核物理学でよく使う単位……………………………… 276
結合エネルギー……………………………………………… 278
《アインシュタインの式》………………………………… 281

重要語句の索引

あ行

アインシュタイン………226, 281
α崩壊（線）………………… 266
位相のずれ………… 35, 37, 191
色……………………………… 172
うなり………………………… 64
n 倍振動…………………… 53
エレクトロンボルト………… 276
凹面鏡………………………… 153
凹レンズ……………………… 139
音波…………………………… 48

か行

開管…………………………… 53
開口端補正…………………… 52
回折…………………………… 118
核子…………………………… 263
核反応………………………… 265
核力…………………………… 265
可視光………………………… 172
風のもとでのドップラー効果 106
干渉…………………………… 158
干渉条件……………………… 163
γ崩壊（線）………………… 268
気柱…………………………… 51
基底状態……………………… 253
基本振動……………………… 47
逆位相…………………… 37, 164
球面波………………………… 116
共鳴…………………………… 52
虚光源………………………… 145
虚像…………………………… 141
屈折角………………………… 123
屈折の法則…………… 120, 122
屈折率………………………… 114

結合エネルギー……………… 278
弦……………………………… 46
限界振動数…………………… 233
原子核………………………… 262
原子質量単位………………… 276
原子番号……………………… 263
原子モデル…………………… 249
光学的距離…………………… 185
光子…………………………… 226
合成波………………………… 32
光電効果……………………… 224
光波…………………………… 112
光路差………………………… 185
行路差………………………… 162
固定端反射…………… 36, 192
固有振動………… 47, 52, 54
コンプトン効果……………… 238

さ行

紫外線………………………… 173
仕事関数……………………… 230
実光源………………………… 145
実像…………………………… 140
質量数………………………… 263
縞（干渉）…………… 177, 198
写像公式……………………… 144
周期…………………………… 11
自由端反射…………… 34, 191
焦点…………………………… 139
振動数………………………… 11
スリット……………………… 170
正立虚像……………………… 143
赤外線………………………… 173
全反射………………………… 128
素元波………………………… 117
阻止電圧……………………… 236

疎密（波）・・・・・・・・・・・・・・・・・・・27

た行

縦波・・・・・・・・・・・・・・・・・・・・・・・・・・26
単色光・・・・・・・・・・・・・・・・・・・・・174
中性子・・・・・・・・・・・・・・・・・・・・・263
２スリット型干渉・・・・・・・・・・・178
強め合う条件・・・・・・・・・・・・・・160
定常波・・・・・・・・・・・・・・・・・・・・・・44
電子・・・・・・・・・・・・・・・・・・・・・・・218
電子波・・・・・・・・・・・・・・・・・・・・・243
電磁波・・・・・・・・・・・・・・・・112，268
同位体・・・・・・・・・・・・・・・・・・・・・264
透過波・・・・・・・・・・・・・・・・・・・・・・34
倒立実像・・・・・・・・・・・・・・・・・・143
特性X線・・・・・・・・・・・・・・・・・・255
ド・ブロイの電子波仮説・・・・・243
ドップラー効果・・・・・・・・・・・・・・90
凸面鏡・・・・・・・・・・・・・・・・・・・・・154
凸レンズ・・・・・・・・・・・・・・・・・・139

な行

波の重ね合わせの原理・・・・・・・32
波の基本式・・・・・・・・・・・・・・・・・12
波の式・・・・・・・・・・・・・・・・・・・・・・74
波の独立性の原理・・・・・・・・・・・32
波の４大基本物理量・・・・・・・・・11
「$\frac{1}{2}\lambda$ イモ」・・・・・・・・・・・・・・・・・44
入射角・・・・・・・・・・・・・・・・・・・・・123
入射波・・・・・・・・・・・・・・・・・・・・・・33

は行

媒質（点）・・・・・・・・・・・・・・・・・・・・9
倍率公式・・・・・・・・・・・・・・・・・・144

白色光・・・・・・・・・・・・・・・・・・・・・174
波長・・・・・・・・・・・・・・・・・・・・・・・・11
波面・・・・・・・・・・・・・・・・・・・・・・・116
腹・・・・・・・・・・・・・・・・・・・・・・・・・・44
半減期・・・・・・・・・・・・・・・・・・・・・272
反射波・・・・・・・・・・・・・・・・・・・・・・34
光の閉じ込め・・・・・・・・・・・・・・133
節・・・・・・・・・・・・・・・・・・・・・・・・・・44
プリズム・・・・・・・・・・・・・・・・・・138
閉管・・・・・・・・・・・・・・・・・・・・・・・・52
平行薄膜・・・・・・・・・・・・・・・・・・203
平面波・・・・・・・・・・・・・・・・・・・・・116
β崩壊（線）・・・・・・・・・・・・・・・267
ホイヘンスの原理・・・・・・・・・・117

ま行

見かけの深さ・・・・・・・・・・・・・・133
ミリカンの実験・・・・・・・・・・・・222

や行

陽子・・・・・・・・・・・・・・・・・・・・・・・263
横波・・・・・・・・・・・・・・・・・・・・・・・・25
弱め合う条件・・・・・・・・・・・・・・162

ら行

臨界角・・・・・・・・・・・・・・・・・・・・・129
励起状態・・・・・・・・・・・・・・・・・・253
レンズの公式・・・・・・・・・141，143
連続X線・・・・・・・・・・・・・・・・・・255

わ行

y-x グラフ・・・・・・・・・・・・・・・・・16
y-t グラフ・・・・・・・・・・・・・・・・・17

この本を書くにあたり尽力いただきました㈱KADOKAWAの原賢太郎，山崎英知両氏，㈱エディットの清家和治氏に感謝いたします。

MEMO

漆原　晃（うるしばら　あきら）
　代々木ゼミナール物理科講師。東京大学大学院理学系研究科修了。根本概念をわかりやすく説明し、明快な解法によって難問も基本問題と同じように解けてしまうことを実践する講義は、受講生の成績急上昇をもたらすと大人気。
　著書に、本書の姉妹版である『大学入試　漆原晃の　物理基礎・物理［力学・熱力学編］が面白いほどわかる本』『大学入試　漆原晃の物理基礎・物理［電磁気編］が面白いほどわかる本』、ハイレベル受験生用の参考書『難関大入試　漆原晃の　物理［物理基礎・物理］解法研究』（以上、KADOKAWA）、『漆原の物理　明快解法講座　四訂版』『漆原の物理　最強の99題　四訂版』（以上、旺文社）などがある。

大学入試　漆原晃の
物理基礎・物理［波動・原子編］が面白いほどわかる本

2014年1月24日　　第1版発行
2020年7月30日　　第20版発行

著者／漆原　晃

発行者／川金　正法

発行／株式会社KADOKAWA
〒102-8177　東京都千代田区富士見2-13-3
電話　0570-002-301（ナビダイヤル）

印刷所／新日本印刷

製本所／鶴亀製本

本書の無断複製（コピー、スキャン、デジタル化等）並びに無断複製物の譲渡及び配信は、著作権法上での例外を除き禁じられています。また、本書を代行業者などの第三者に依頼して複製する行為は、たとえ個人や家庭内での利用であっても一切認められておりません。

KADOKAWAカスタマーサポート
［電話］0570-002-301（土日祝日を除く11時～17時）
［WEB］https://www.kadokawa.co.jp/（「お問い合わせ」へお進みください）
※製造不良品につきましては上記窓口にて承ります。
※記述・収録内容を超えるご質問にはお答えできない場合があります。
※サポートは日本国内に限らせていただきます。

定価はカバーに表示してあります。

©Akira Urushibara 2014　Printed in Japan
ISBN 978-4-04-600140-5　C7042